女人生命力

VITALITY OF WEMEN

品墨 / 编著

绽放活力　丰盈人生

只要生命的力量蓬勃

希望就在　未来就在　幸福就在

新 华 出 版 社

图书在版编目（CIP）数据

女人生命力 / 品墨编著. -- 北京 : 新华出版社,
2017.11
ISBN 978-7-5166-3586-5
Ⅰ. ①女… Ⅱ. ①品… Ⅲ. ①女性－人生哲学－通俗
读物 Ⅳ. ①B821-49
中国版本图书馆CIP数据核字(2017)第269577号

女人生命力

作　者：品　墨

责任编辑：刘　飞　　**图书策划**：李平书
装帧设计：赵志军

出版发行：新华出版社
地　址：北京石景山区京原路8号　　**邮　编**：100040
网　址：http://www.xinhuapub.com
经　销：新华书店

照　排：新华出版社照排中心
印　刷：河北鸿祥信彩印刷有限公司

成品尺寸：170mm×240mm
印　张：14　　**字　数**：198千字
版　次：2017年12月第一版　　**印　次**：2017年12月第一次印刷
书　号：ISBN 978-7-5166-3586-5
定　价：39.80元

图书如有印装问题，请联系调换：010-63825170

前　言

foreword

从三月里款款走来的女子

从三月里款款走来的女子，
仿佛盛开的玫瑰，轻轻奏响了世界上最美的赞歌，
在春天苏醒的大地上放飞希望，
如春风一般明媚，似阳光一样灿烂。
从三月里款款走来的女子，
伸出双手捧出蔚蓝海水般冷静的智慧，
带着明月皓洁的神秘，
淡而清，美而雅，宛若清池里洁白的莲花。
女人如画，如一抹桂林山水，清丽、神奇；
女人如烟，仿佛温婉朦胧的江南水乡，安详、静谧；
女人如歌，似淙淙如练的飞瀑，开朗、奔放；
女人如水，宛然山间清澈透明的小溪，纯净，润泽。
一支歌无法囊括世间所有女人的美丽，
一首诗不论多美的文字也抒发不尽女人的情怀。

女人在大地上歌唱，如和煦的春风吹过田野，
明快、轻盈又充满爱的温暖。
女人像一棵翠绿的大树，
最大限度地，把绿献给了脚下的大地和蔚蓝的天空。
女人，使飞翔的翅膀更加轻盈，更加明快，
女人使男人坚定信念，一步步走向幸福的彼岸。
在生命延续中，女人赋予了心灵的善良，
在未知的未来里，女人孕育着萌芽的希望，
女人创造着人世间最美的传说，
滚滚的红尘中，世事的纷扰，磨砺着女人那一颗细腻柔软的心。
女人更像一杯清茶，
落花无言，人淡如菊，煎茶闻香，养心颐性。
更多的时候，女人啊，升起了爱的风帆，守望爱的家园，成为心灵的港湾。
哦，女人绝不仅仅装饰了那桥上的风景，
哦，三月已经莅临，请允许我送上饱含浓浓真意的赞美，
哦，从三月里走过的女人，永远美丽的女人，是一道永恒的风景线！

catalogue

目录

catalogue

目录

catalogue

目 录

catalogue

目录

第一章

心灵力：

心向阳光，丰盈生命

世界很大，心却很小，

心虽小，却能装容一个大大的世界，

心灵有家，生命才有路，

让心灵有一个家，

生命才会有快乐之路，

人生才会阳光快乐、明媚，

心灵才会宁静、博大、深邃，

希望才能和梦想永存，

幸福才能和欢乐长随。

做自己，主宰人生，绽放生命灵性

如果你不能成为山顶上的高松，
那就当棵山谷里的小树吧——
但要当棵溪边最好的小树。
如果你不能成为一棵大树，
那就当丛小灌木；
如果你不能成为一丛小灌木，
那就当一片小草地。
如果你不能是一只麝香鹿，
那就当尾小鲈鱼——
但要当湖里最活泼的小鲈鱼。
我们不能全是船长，必须有人也当水手。
这里有许多事让我们去做，有大事，有小事，
但最重要的是我们身旁的事。
如果你不能成为大道，
那就当一条小路；
如果你不能成为太阳，
那就当一颗星星。

决定成败的不是你尺寸的大小——

而在做一个最好的你！

女人的角色是由自己扮演的。女人要做独一无二的自己，要做自信的自己，要做欣赏自己的自己。女人最好的姿态就是做回自己，静下心来听自己内心的声音，保持自己的灵魂和本真。

有个修车匠的女儿，她一直想当个歌手，不幸却长了阔嘴和龅牙。第一次公开演唱的时候，为了显得有魅力，她一直想办法把上唇向下撇，好盖住突出的门牙。结果呢？她看起来十分可笑，当然注定了失败。

但是，有个人听了演唱之后，觉得她颇有歌唱天赋，便率直地告诉她："我看了你的表演，知道你想掩饰什么，你不喜欢自己的那口牙齿！"女孩听了觉得很羞涩。那人继续说："这有什么呢？龅牙并不是罪恶，为什么要掩饰它呢？张开你的嘴巴，只要你自己不引以为耻，观众就会喜欢你的。何况，这口牙齿还说不定会带给你好运气呢！"

她接受了这个人的建议，不再在意那口牙齿。从那时起，她关心的只是听众。她张大了嘴巴，尽情开怀地唱，终于成了顶尖的歌星——她就是卡丝·黛莉。

多听听自己内心的声音，保持自己的本色，那么，不管走到哪里，你都是落落大方的，没有一点矫情的痕迹，像雪地上的阳光清新明亮。那时，最耀眼的明星就是你。

在20世纪50年代的美国有一个非常受欢迎的广播员。她刚走上社会的时候选择了当一个影视演员，因为她认为这样可以让很多人喜欢她。可她怎么演都演不好，只能停留在一个龙套的级别上。后来一位导演问她：

“你从小的梦想是什么？”

“小时候我想当个广播员。”

“那你为什么选择了来演戏？”

“我认为这样更能受到大家的欢迎。”

“不，孩子，你错了，当一名广播员同样可以受到大家的欢迎。”

她听了导演的劝导，决定保持自己的本色，做了一名广播员。结果她成了纽约当时最受欢迎的广播明星。

女人最重要的就是要做自己。你可能成为不了英格丽·褒曼，也成为不了林徽因，那就坚定地去做自己，自己去主宰自己的人生。

习惯一切由自己做主让女人更有魅力。

能为自己做主的女人有从容不迫的气度，即使面对突发事件，也不会慌乱不堪或是优柔寡断，也许她会征求他人的意见，也许会有一段时间的思考，但最终她会通过自己的判断决定应对方法。如果你还不是一个有主见的女人，可以先从小事开始，慢慢培养自己的独立意识。

习惯一切由自己做主让女人更容易实现梦想。

女人天生喜欢做梦，在脑海中为自己编织了无数美好的梦想，然而并不是每个女人的梦想都能实现的。看着别人美梦成真，她们总是想不通为什么同样的出身、同样的背景、同样的外在条件，自己的梦想却迟迟实现不了。

这其中一个重要的原因就是她们缺少主见。一个没有主见的女人，就不能冷静、理智地为自己规划未来的道路，只是跟在别人身后照章办事，就算是有梦想也很难坚定不移地去实现它。

有一个从农村来到大城市打工的女人，在一家老字号饭庄做勤杂工。她想跟大厨师学手艺，可是人家根本不教她，只是让她干些扫地、洗菜的杂活。

这个女人一点也不在乎，仍然勤勤恳恳地工作。她很注意观察大厨师做面点的手法，并暗自记在心里，然后每天都比同宿舍的女工提前两个小时起床，天不亮就到饭庄，打扫好卫生后就自己按照记下的手法练习。

其他女工很不理解她的做法，还取笑她说："你这么勤奋有用吗？人家会把独门密技传给你吗？你只不过是个打工的，做得再多再好也是为别人干活！"

那个女人听到这些言论后只是笑笑，仍然坚持着自己的做法。通过长时间的自学，她也掌握了一些做面点的手法。

有一次饭庄来了一批重要的客人，点名要招牌面点。可很不凑巧，大厨师那天恰恰生了病，没有人能做这道招牌面点了。饭庄经理急坏了，不知道如何是好。

就在所有人都一筹莫展的时候，那个女人对经理说："能让我试试吗？我平时见大厨师做过。"

所有人都不相信地看着她，一个勤杂工怎么可能会做呢？但事已至此，经理抱着死马当活马医的心态让她试试。

出乎所有人意料之外，女人很娴熟地制作起来，虽然没有大厨师做得好，但也像模像样。有了她的帮忙，再加上经理向客人进行了一番诚恳地解释，难题总算顺利过关了。

经过了这次的事后，大家都很看好她。大厨师收她为徒，手把手地教她面点工艺。有了名师的亲传，再加上她自己的努力，很快就可以独当一面了。

现在的她已经不再是一名普通的勤杂工了，而是被饭庄的老板亲点为老字号饭庄的下一代传人，很多媒体都慕名前来采访她。

当一名记者问道她是如何从一个农村来的打工者变成了同龄人中的佼佼者时，她的回答朴实而真挚："我并不比别人能干，只是多了一些主见。我喜欢按照自己的想法做事，而不会理睬别人议论什么。”

这就是为自己做主的力量，能把梦想变为现实。道理虽然简单，却并不是所有女人都能做到的。有些女人习惯性的把自己的命运交给别人，无论什么事情都要问别人的意见，一有风吹草动就摇摆不定，不知道该如何是好。

听取别人的意见是对的，但不能没有自己的见解。对于一些自己没有经历过的事情或拿捏不好的事情可以向其他人请教，综合各方面的意见，再自己分析判断，最终得出结论，如果认为是对的就做下去，不要理会旁人的非议。

每个女人的青春都是有限的，只有为自己做主才能在有限的青春中早一天实现梦想。

习惯一切由自己做主不代表固执和任性。

有些女人相当有主见，凡事都要自己说了算。如果别人提出不同的或相反的意见，她连想都不想就认为那是错的，只有自己的才是正确的，稍不如意就耍小脾气，谁劝也不听。

这就陷入了一种误区，把主见变成了固执和任性。这样一来，不但没办法为自己选择正确的道理，还会缺少女人味，让人敬而远之。

真正能为自己做主的女人绝不是刚愎自用的，当面对别人的否定时，会首先冷静地思考一下，看别人说的是否言之成理，有道理就接受，没道理就坚持自己的想法。

让一切都由自己做主一定要把握好尺度，理解做主的真正含义。要知道，有主见的小女人远比固执的大女人更受人欢迎。

生命箴言

聪明的女人为自己而活，为自己认真过好每一天，为自己全力以赴地去做好每一件事。聪明的女人懂得生命是自己的，要为自己而活，以自己的本色活着，就是对生命最大的尊重。

爱生命，让生命之花傲然盛开

我不去想，
是否能够成功，
既然选择了远方，
便只顾风雨兼程。
我不去想，
能否赢得爱情，
既然钟情于玫瑰，
就勇敢地吐露真诚。
我不去想，
身后会不会袭来寒风冷雨，
既然目标是地平线，
留给世界的只能是背影。
未来是平坦还是泥泞，
只要热爱生命，
一切，都在意料之中。

这是汪国真的代表诗作之一——《热爱生命》，它告诉我们，只要心中有爱，有着对生命的一种热爱，一切美好的结果也就在意料之中了。

杰克·伦敦有一本脍炙人口的小说，名字也叫《热爱生命》。小说讲述的是这样一个故事：

一个美国西部的淘金者在返回的途中被朋友抛弃了，他独自跋涉在广袤的荒原上。冬天逼近了，寒风夹着雪花向他袭来，他已经没有一点食物了，而且他的腿受了伤，鞋子破了，脚在流血。他只能歪歪斜斜地蹒跚在布满沼泽、丘陵、小溪的荒原上，非常艰难地前行着。就在他的身体非常虚弱的时候，他遇到了一匹病狼。他发现这匹病狼跟在他的身后，舔着他的血迹尾随着他。就这样，两个濒临死亡的生灵拖着垂死的躯壳在荒原上互相猎取对方。为了活着回去、为了战胜这匹令他作呕的病狼，最终在人与狼的战斗中人获得了胜利，他咬死了狼，喝了狼的血。最终他获救了，使生命放射出耀眼的光芒。

这个悲壮的故事，生动地展示了人性的伟大和坚强，充分展现出人性深处的闪光点，生动逼真地描写出了生命的坚韧与顽强，奏响了一曲顽强的生命赞歌，可谓撼人心魄。

生命本身蕴涵着巨大的潜在能量。生命有时极其脆弱，瞬间，它可能就会化为乌有；可是生命有时又异常强大，强大得让令人惊叹。这种能量让你不管面对什么，哪怕是吞噬你的荒野、野兽，还是饥饿、疾病的折磨，都会支撑着你勇敢地战胜它。而在背后支撑生命、提供能量的无疑就是坚定的信念。只要心中生存的信念还在，只要不轻易放弃自己的生命，再窘困的处境也能绝处逢生。另一方面来说，热爱生命，就要有所信仰，有所追求。当人们没有了信仰，没有了追求，生命便完全成了一副躯壳，与一具行尸走肉何异？

她一生中见过的多数花都是在病房里，见花开花败，见人生人死。

她是外科医生。在一次与死神较量失败之后，她无意间看到，病人的床头柜上放着一束花，娇艳地盛放着，美丽妖娆，浑然不知主人的离去，黑色的花蕊像一只只冰冷嘲弄的眼睛。花朵的盛开，生命的陨落，形成了鲜明的对比，充满了讽刺与悲凉。自那以后，她便不再爱花。

周围的人并不知道她所经历的、见到的，也不知道她内心对花的偏见。有个病人，在初次见面时就送了她一盆花，她心里不喜欢，却不忍心拒绝。或许，是病人纯粹的笑容感染了她；或许，是因为她心里清楚，除非有奇迹发生，否则医院会是他人生的最后一站。

那天，这个病人没有听她的话，和儿科的小病人们玩游戏，累得大汗淋漓。她责备他，他却做了一个鬼脸，吐了吐舌头。傍晚，她的桌上多了一盆花，三瓣紫黄红的花瓣斑斓交错，很像展翅的蝴蝶。花盆旁边有一张纸条："医生，你发脾气的时候一点儿都可不爱，知道像什么吗？"她忍俊不禁。

第二天，她的桌上多了一盆花，是小小园圃的一朵朵红花，每一朵都是仰面的一个"笑"："医生，你知道你笑的时候像什么吗？"他告诉她，昨天那种花叫三色堇，今天的花叫太阳花。

阳光把竹叶照得透绿的日子里，他带她到附近的小花店走走，她惊讶地发现，世上竟然有这么多种花：玫瑰深红，康乃馨粉黄，郁金香艳异，马蹄莲幼弱婉转，栀子花香得销魂，而七里香更是摄人心魄。她也惊讶他谈起花时绽放光芒的眼睛，那眼神里没有病痛，没有恐惧。

他问她，喜欢花吗？她说，花没有感情，不懂得爱。他笑着说，花的情唯有懂的人才明白。

一个烈日炎炎的正午，她远远地看见他在住院部后面的花园呆站着，走近喊了他一声，他连忙回身，食指掩唇："嘘——"那是一株矮矮的灌木，缀满了红色灯笼般的小花，每一朵花囊都在爆裂，无数花籽像小小的空袭炸弹向四周飞溅，像是一场密集的流星雨。她没再说话，在寂静的时光里，他们共同见证了生命最辉煌的历程。他蹲下身，捡了几粒花籽装进口袋。

第二天，他送了她一个盛满了黑土的花盆，并夹了张字条："这种花名叫死不了，很容易养活，过几个月就会开花——可惜，那时我已经不在了。"她心里突然涌起一股悲伤，还有一股倔强，她想证明命运并非不可逆转的洪流。

几天之后的深夜，她值班。铃声响起，她一跃而起，冲向他的病房。他始终保持着清醒，对周围的每个人，父母，兄弟，亲友，以及所有参加抢救的医护人员说："谢谢你们。"脸上的笑容，像是刚刚展翅便遭遇风雨的花朵，渐渐凝成化石。她知道，已经没有希望了。

他离开后，她每天给那一盆光秃秃的土浇水，之后她参加医疗小分队去了贫困地区。她打电话回来问及那个花盆，同事说："看什么都没有，以为是没用的，扔到窗外了。"她怔住了，有些失落，却什么也没说。

回来已是几个月后，她打开自己桌前久闭的窗，顿时震住了。窗外的土地上躺着那个被认为是没用的花盆，花盆里有两株瘦弱的嫩苗，像是病中的孩子，一阵风就能把它吹倒似的。最高处，却是娇羞的含苞，透出一点红，像是跳跃的火苗。

这一次，她懂得了花的情意。易朽的是生命，就像转瞬即谢的花朵；可永远存活的，是对生命的渴望，是一份生生不息的热情。生命再短暂，也压不垮一颗不屈不挠、热爱生命的心。无论一生长与短，只要你爱，生命之花便永远傲然盛开。

根据美国"奇迹女孩"莉丝•默里的亲笔传记《Breaking Night》改编的电影《风雨哈佛路》，曾经震撼了亿万人的心。

莉丝八岁开始乞讨，十五岁时母亲因为吸毒感染了艾滋病身亡，父亲酗酒进了收容所，外公不肯收留她，只能流浪。她成长在一个脏乱的环境里，周围的人要么吸毒，要么自甘堕落，姐姐也步上母亲的后尘。

然而，这一切都没能磨灭她对生命的热爱，她更不愿让自己就此沉沦。她说："我知道外面有一个更好更丰富的世界，而我想在那样的世界里生活。"

她以真诚争取到了参加进入中学的考试机会，以非凡的毅力用两年时间读完十门课，最后又以她的经历、她的真诚、她的一言一行，得到了一万两千美元的奖学金，成功地走进了哈佛，改写了生命的剧本。

女人啊，要活得精彩，就要由衷地热爱生命。不管什么时候，经历了什么事，都要坚信生活的美好。

我们都应该热爱生命。没有它，我们就不可能在这片土地上耕耘、创造；没有它，我们就不会有喜怒哀乐；没有它，我们就不可能尝到世间的美食，看到世间的风景；没有它，我们就体会不到爱情的美好、亲情的珍贵、友谊的价值、知识的重要；没有它，我们就不可能有自己的价值。我们现在所拥有一切的一切，都要有一个前提——那就是生命。如果我们失去它，我们一无所有。对于如此宝贵的生命，我们有什么理由不去好好的热爱呢？

我们应该热爱生命，每个人都不能轻言放弃。正如《人生颂》所写道："不要在哀伤的诗句里告诉我：'人生不过是一场幻梦。'"不要再抱怨世界欺骗我们，现实将我们彻底的击倒，其实是我们一直都看错这个世界。当你发现你所承担角色有高低之分时，你要快乐、自信、勇敢、自强，不要因为职业的轻微而放松自己，因为没有任何一件工作是低贱的；不要因为暂时的不如意而自卑、自暴自弃，更不要因为生活中出现某种小插曲而使生命暗淡。生命中没有过不去的坎，没有完不成的事情。没有比人更高的山，没有比脚更长的路，只要肯攀登，终会有成功的一天。

生命箴言

生命不可重来，谁也无法预知生命的时间，可正因为此，它才显得如此可贵。生命如同晴天里的一轮太阳，五光十色，分外耀眼，而爱则是架在蓝色天空下的那一抹彩虹，光彩夺目。太阳由于彩虹的映衬，更显生机，而生命则因爱而更加精彩。

学从容，内心淡定，自有力量

从容的女人是水，随着时代的进步，不断调整生活的节奏。在山涧小溪她是单纯清澈的水滴，在飞天瀑布她是奋不顾身的飞花碎玉，在浩瀚的大海，她又如汹涌的波涛一次次朝礁石撞击。

从容的女人又是画，一幅清新隽秀的山水画。无论外界风卷云涌、世事变迁，内心总是一派处事不惊、安详宁静的意境。

从容的女人总是微笑着面对困难、面对环境。她不为日常琐事而计较，不为生活的压力而焦虑，不为现代人儿女情长的善变而烦恼忧郁。委屈时，她躲在房间品味《命运交响曲》的强劲有力；失意时，她用笔记录潮起潮落的心绪，寄给远方的亲友一同勉励；挫折面前，她告诫自己重新振作，适应新的处境；苦难面前，她命令自己跨过颓废，去拥抱新一轮的太阳。

从容的女人，恬淡如菊，在花开花落的流年时光中，淡然面对风雨，淡定面对人生中的突变，无论任何事，都能做到气定神闲。

林徽因曾经说："我们应当相信，每个人都是带着使命来到人间的。无论他多么平凡渺小，多么微不足道，总有一个角落会将他搁置，总有一个人需要他的存在。有些人在属于自己的狭小世界里，守着简单的安稳与幸福，不惊不扰地过一生。有些人在纷扰的世俗中，以华丽的姿态尽情地演绎一场场悲喜人生。"

徐志摩死后，有传言说，林徽因急于要得到《康桥日记》，是因为怕里面有不利于她的记录。事情的真相真是这样吗？

对于这件事，林徽因在给胡适的信中，如此说："志摩作品中，诗已差不多全印出，散文和信札大概是目前最要紧的问题，不知近来有人办理此事否？'传'不'传'的，我相信志摩的可爱的人格永远会在人们记忆里发亮的，暂时也没有赶紧（的）必要，至多慢慢搜集材料为将来的方便而已。"

徐志摩的逝世，对林徽因来说，是世事纷扰，可不论外人如何言说自己，她对《康桥日记》的处理态度很冷静。她之所以索要日记，是因为她感觉徐志摩日记虽然有一定的文学价值，但以他当时的影响力，是不适合出版的，所以，胡适非常赞同她的看法，暂不公开发表徐志摩的日记。

而林徽因之所以在关键时刻冷静分析，淡定以对，是因为在她性格中，有沉稳大气、从容淡定的一面。

从容淡定是一种稳重的个性，一个女人一旦有了这种个性，面对焦头烂额的事情，这样的女人能梳理自己的思绪，从而有条不紊，冷静以对。

从容淡定的女人心素如简，崇尚简单的生活，无论处境如何，都能做到"宠辱不惊，闲看庭前花开花落；去留无意，漫随天外云卷云舒"。

柴静曾经如此诠释自己的名字：柴火的柴，安静的静。柴静的个性一如她的名字，热情中从不缺少一份如水的淡定。

刚到夜间频道做电台主持时，柴静所在的播音室特别小，每天的工作很累。可因为她骨子中的那份淡然，所以才能心无尘杂，全力以赴地面对工作，能用一种从容而快乐的态度去对待工作中的得失。每当她感觉疲惫时，她会自我调整，会在自己的椅子上舒展，仰头看到头顶那盏小小的灯时，她会有"我不兴奋，也不担心，却心里妥当——就这儿了”的感觉。

后来，柴静到中央电视台工作，非常繁忙，所要应对的人与事也比较繁杂，可柴静却活得从容恬淡。在工作时，她总是踏踏实实地工作，以一种沉静坦然的态度，一步步地朝着自己的梦想与目标靠近。刚进入中央电视台的时候，柴静每天都会不断地打电话，给自己争取一个个采访机会；每天，柴静都会做很多独家的专题，为了工作，她甚至会一个人在机房编片子到凌晨三四点。由于总是忘我地工作，有时她从机房出来，会将大衣落在机房，结果不得不在大冷天，迎着寒风，穿着毛衣就给导播送片子去。

或许，很多人感觉这种生活很累很苦，可柴静却觉得没什么，曾经有人问柴静怎样保持自己的风格，柴静反问道：“你是怎么保持呼吸的？你不会自觉，因为它就是那样自然地存在着。”

现代社会，很多人总是急功近利，每当站在北京的十字路口，或靠近地铁口时，总能在忙碌的人流中看见一些女人脚步匆匆。她们背负的或许是远大的梦想，或许是现实的压力，比如，房贷、车贷。

与其背负太多的压力，不如暂时放慢自己的脚步，梳理一下自己的人生，培养一下从容的个性。从容淡定的女人，或许没有波澜壮阔的人生，但却能在轻描淡写间，谱就出一曲绝美的乐章。

从容源自于对生活的提纯与感悟，当一个女人经过了风风雨雨，就会看淡一切；当一个女人穿过滚滚红尘，其心思会越来越淡然。所以，在生活中，一个女人要有所思、有所悟，凡事不要计较太多，凡事要看开，这样，当你告别热烈灿烂的青春时，岁月就会将从容淡定的个性融入你的骨子里，你的步履就会变得从容。

学会淡定从容，淡定地面对一些幸福，淡定地面对一些不幸。上帝是公平的，为你关闭了一扇门，注定又为你开启另一扇门。

假如婚姻抛弃了你，也不要悲伤绝望，只因为还有更好的人在路上等着你，抛弃地只是暂时的不快乐，那些注定不是你另一半的人还是早早离开的好。人生没有那么不幸，上帝只是跟你开了一个小小的玩笑，而淡定从容的态度定会让你遇到更好的男人。

假如健康给你开了一个小小的玩笑，也不要悲伤绝望，人生原本就充满着许多未知，生死由命，富贵在天。既然能开心地活一天，为什么要悲伤地哭泣呢？微笑着面对生活的给予，能在世上走一遭其实就是一种幸福，无论这个过程多长多短，都要开心地活着。

假如事业让你遇到坎坷，也不要悲伤绝望，其实做女人真的挺好，做不成女强人就做个小女人，退和进都有路可走。事业固然重要，但是也不要太强求，还是平凡的女人居多，只要能维持独立就好。

生命箴言

多一份从容，少一份匆忙；多一份从容，少一份烦恼；多一份从容，多一份纯净。一个女人可以没有百万家财，但必须要有从容淡定的个性，这样才能如平实淡定的菊花一样，看似平淡无奇，却能用最淡然的个性，去成就自己非凡的人生。

多微笑，发现生活美好的一面

凡事都有两面性，一面阴暗，一面美好。它们就像一对孪生姐妹，相影相随，对于女人的一生都会产生极大影响。面对困难，发现美好的人，就像拥有一副盔甲，抵挡它的进攻和侵蚀；面对困难，能看到希望的人，就像拥有了一把钥匙，打开心锁勇敢前进。

两片叶子在萧瑟的秋风中摇摆着。其中一片对另一片说："你看起来似乎闷闷不乐，有什么不愉快的事吗？"

"唉，"另一片回答，"我常在想，这真是一场徒劳，好没意思。常常是这样，刚刚觉得生命如此旺盛，转眼间就又要凋零了。"

"啊，原来是这样？"第一片叶子说，"我倒不觉得如此。我一直这样想：我们冬天化为养分，滋养大树，明年我们又可以生机盎然了，为什么不在这美丽的日子里翩然起舞呢？难道你闷闷不乐，你就不会凋零了吗？"

同样是两片叶子，却有着截然不同的心情。生活中的女人不也是一样吗？发现生活美好一面的女人即使失败了，她也不会抱怨，她会重整旗鼓，再度扬帆；而只看生活阴暗面的女人，却抱怨命运不公，怨天尤人，失去了对生活的信心，白白耽误了生命的大好时机。

上天不会给哪个女人全部快乐，也不会给哪个女人全部痛苦，它只会给女人生活的作料，调出什么味道的人生，全在自己。是选择笑声不断，还是愁容满面；是披荆斩棘，勇往直前，还是缩手缩脚，停滞不前，这不在他人，而在女人自己。

发现生活的美好，拥有乐观的人生态度，是魅力女人不可缺少的一部分：容光焕发，神采奕奕，对生活充满希望的女人，浑身散发着一种向上的气息，使人永远感到春天般的温暖。

有一个女人，她的名字叫艾丽丝。战争时期，她的先生驻守在加州莫嘉佛沙漠附近的陆军训练营里，她为了和他接近一点，也搬到那里去住。到了那里才知道，那里没有一点点的浪漫。她很讨厌那个地方，简直是深恶痛绝。她从来没有如此苦恼过，先生被派到莫嘉佛沙漠里去出差，她一个人被留在一间小小的破屋里。那里热得叫人受不了，即使是在大仙人掌的阴影下，还是有很高的温度。除了墨西哥人和印第安人之外，没有人可以和她谈话，而那些人又不会英语。风不停地吹着，到处都是沙子！

她这样说："我当时真是难过得一塌糊涂，我写了封信给我的父母，告诉他们我受不了，要回家。我说我连一分钟也待不下去，还不如住到监狱里去算了。我父亲的回信只有两行字。这两行字一直回响在我的记忆中，使我的生命为之改变。

"'两个人从监狱的铁栏里往外看，一个看见的尽是烂泥，另外一个看见的则是满天星斗。'

"我把这两行字念了一遍又一遍，自己觉得非常惭愧。我下定决心，一定要找出当时的情形下还有什么好的地方。我要去看那些'星星'。

"我和当地的人交上了朋友，他们的反应令我十分惊奇。当我表示对他们所织的布和所做的陶器有兴趣的时候，他们就把那些不肯卖给观光客、而且最喜欢的东西送给我当礼物。我仔细欣赏仙人掌和丝兰使人着迷的形态，我欣赏沙漠的日落，还去找贝壳。在300万年前，那一片沙漠还是海床。

是什么使我产生这样惊人的改变呢？莫嘉佛沙漠丝毫没有改变，那些印第安人也没有改变，可是我变了。我改变了我的态度。在这些变化之下，我把那些令人颓丧的境遇和切身的感受，写了一本叫《光明的城垒》的小说……我从自己设下的‘监狱’往外望，并找到了‘星星’。”

生活本来就有两面。可是，当你用不同的眼光看时，却有着不同的感受。比如，有人看到下雨就心情烦躁，有的人却觉得下雨很浪漫；有的人做家务事时，能体会其中的快乐，觉得为家人做事很幸福，而有的人抱怨连连……其实，任何事情都有好的一面，就算面对失败这样悲哀的事，有的人一样觉得失败会带来宝贵的经验。所以，女人要学会发现生活中美好的一面，这样你就不会气馁，不会沮丧，你就能发现自己离生活的美好越来越近。

生活是个万花筒，有时不免长出一棵忧郁、烦恼的花，破坏你的好心情，使你的生活黯然失色。此时，发现生活中的美好就是脱离苦海的解药，它能让你冲破烦恼与忧郁，走过人生的低谷，让你的心灵自由地呼吸，让你的人生尽情地翱翔。

英国作家萨克斯说：“生活是一面镜子，你对它笑，它就对你笑。你对它哭，它就对你哭。”这充分说明，境由心造。在日常生活中，对于同一件事情，同一种遭遇，往往见到有人乐观，有人悲观，其根本的一个原因就在于每个人的心态不同所造成的：心态乐观，地阔天宽；心态悲观，乌云满天。在悲观者的眼里是云障雾遮，天昏地暗，在乐观者看来却是风和日丽，别有洞天；在悲观者看来已是“山重水复疑无路”，而在乐观者看来却是“柳暗花明又一村”。

女人们都是家庭肥皂剧与催泪电影的忠实粉丝，那些镜头中的主角们的喜怒哀乐，总会让她们跟着有哭有笑。她们会羡慕主角们的完美爱情，也会学习主角们的逆境坚强。在香港TVB电视剧中，有句金句常被编剧们翻来覆去地使用，“人生，最要紧是开心”，虽然十分简短，却非常实用。

这句简单的话语，也许是 TVB 的编剧们对于人生的最好总结，也是他们想要传达给观众的一个最正面的讯息。我们的人生，存在太多的不完美，那些不如意的事情，每个人都会遇到。然而许多人就是在这不完美、不如意中努力地去生活，去积极地面对困境，在不完美中用心去创造属于自己的美丽。

多年前，有一部由真人真事改编的福音电影，曾经温暖过许多在逆境中的人，那部电影的名字叫做《生命因爱而动听》。

故事的女主角叫作 Tracy，生活在温哥华的她，一直都是一个快乐的女孩。她拥有一个温暖的家，一个爱她的丈夫，还有一份她觉得十分有意义的工作。她的工作，是在一家医院里担任社工，鼓励那些患有绝症的人勇敢地去接受治疗，争取哪怕一丝生的希望。但是她的劝导方式却失败了，因为几乎没有病人回应她，直到在一次例行的身体检查中，她发现自己也得了癌症。突然从助人者变成被助者的身份转换，让她有点猝不及防，渐渐地，她也终于开始明白为什么曾经那些病人对自己的开导是那么的排斥和难以接受，因为连她自己也没有勇气去面对那条必经的化疗之路。

幸好在这个时候，不离不弃的丈夫却给了她最大的鼓励，使她找到了精神支柱，甚至可以说是生的希望。丈夫辞掉了工作，到医院全身心地照顾妻子，每天都与她谈心。有一次，丈夫推着她出去呼吸新鲜空气，他们看到一对耄耋老人在树下笑着交谈什么，阳光洒在他们布满皱纹的脸上，满是祥和与安宁。比起自己每天的忧愁与惆怅，这对老人对生命的从容深深感动了她。这个时候，丈夫在耳边对她说："生命中最可怕的不是死亡，而是绝望。生命中最大的奇迹就是，从绝望中找到希望。"她想，如果生命真的只剩下倒数的几个月，那么为什么我还要用悲伤来填满这最后的路程呢？这么想着，Tracy 的心仿佛轻松了很多。

跨过了自己的心障，Tracy 开始重新积极地面对生活，每天她都告诉自己要珍惜，要微笑着去面对，只有这样她才无愧于己，无愧于爱她的人。丈夫看到她的改变，也为她感到欣慰，他们对生命的从容态度也开始在医院中得到接力般的传递，大家都试着去驱散绝症的阴霾，互相鼓励，相互扶持着去面对艰难的人生。那条死囚之路，被画上了一个笑脸，成了一条充满希望的阳光之路。

每个女人的人生都是一场漫长却又有限期的舞台剧。在这个舞台上，会不断地有人进场离场，他们会在我们的生命中扮演许多角色，有的人让我们欢笑，有的人让我们悲伤。我们不知道命运这个编剧，会为我们安排多少次磨难，可是我们必须对这个编剧有信心，相信它一定会为我们写出最精彩的人生。

所以，我们不妨善用TVB那句简单的金句来作为每天醒来第一句问候自己的话。在每天出门前，在镜子中给自己一个微笑，也向你在路上见到的每个人报以微笑。当你可以将这个变成习惯并长久地坚持，那么你会发现自己变得快乐了。而在别人眼中你也会变得比从前更美，因为绽放真心微笑的女人，才是最美丽的天使。

生命箴言

live proverbs

女人们总是在寻找属于自己的守护天使，天使是不一定有翅膀的，不一定穿白袍，甚至可能布满伤痕，但是天使的一生却都是充满爱的，充满祝福和使命的。

好心态，用积极的态度面对人生

为什么有些人能拥有健康的身体、不错的工作、良好的人际关系，整天快快乐乐地过着高品质的生活，似乎他们天生就比别人幸运；而另外一些人整天忙忙碌碌，辛苦劳作却只能勉强维持生计？说起来，人与人之间并没有多大的区别，但为什么有人能够克服万难去建功立业，获得成功，而有些人却不行呢？

不少心理学家发现，造成人与人之间差别的秘密就在于人的心态。正如一位哲人所言："心态是你真正的主人。"心态跟人的命运有着直接的关系。

很多年前，在乡下某贫穷的乡村里，住着姐妹两人。她们忍受不了穷困的环境，便先后离开家乡，到大城市去谋发展。

过了四十年后，姐妹俩又幸运地团聚了。此时的她们，已今非昔比。做姐姐的嫁给了一位商人，拥有两间餐馆、两间洗衣店和一间杂货铺，而且子孙满堂。

而妹妹呢？她居然成了一位享誉世界的银行家，拥有东南亚相当数量的山林、橡胶园和银行。经过几十年的努力，姐妹俩都成功了。但为什么姐妹两人在事业上的成就，却有如此大的差别呢？

姐妹俩相聚，不免谈起分别以来的遭遇。姐姐说："我们乡下人到大城市，如果没有什么特别的才干，唯有嫁个好丈夫，用一双手煮饭给他吃，为他洗衣服，不敢有更高的奢望。"

看见妹妹这般成功，做姐姐的不免羡慕妹妹的财富。妹妹却说，初到城市的时候，只能做些低贱的工作，但慢慢发现当地人有些是比较愚蠢和懒惰的。于是，便去做他们放弃的事业，不断收购和扩张，生意便逐渐做大了。

以上是一个真实的故事。它告诉我们：影响我们人生的绝不仅仅是环境，还有心态。心态控制着一个人的行动和思想，同时也决定着一个人的视野、事业和成就。

有一家纺织厂，经济效益不好，工厂决定让一批人下岗。在这一批下岗人员里有两位女性，她们都40岁左右，一位是大学毕业生、工厂的工程师，另一位则是普通女工。毫无疑问，就智商而论，这位工程师的智商应该超过了那位普通工人。

女工程师下岗了！这成为了全厂的一个热门话题，人们纷纷议论着、嘀咕着。女工程师对人生的这一变化深怀怨恨。她愤怒过、她骂过、她也吵过，但都无济于事。因为下岗人员的数目还在不断增加，别的工程师也开始下岗了。然而，尽管如此，她的心里却仍不平衡，她始终觉得下岗是一件丢人的事。她的心态渐渐地由愤怒转化成了抱怨，又由抱怨转化成了内疚。她整天都闷闷不乐地待在家里，不愿出门见人，更没想到要重新开始自己的人生，孤独而忧郁的心态控制了她的一切，包括她的智商。她本来就血压高，身体弱，忧郁的心态又总是把自己的注意力集中到下岗这件事上。她内心一直都在拒绝这一变化，但这一变化又实实在在地摆在了面前，她无法解脱。没过多久，她就带着忧郁的心态和不低的智商孤寂地离开了人世。

普通女工的心态却大不一样，她很快就从下岗的阴影里解脱了出来。她想别人既然没有工作能生活下去，自己也肯定能生活下去。她还萌生了一个信念——一定要比以前活得更好！从此以后，她的内心没有了抱怨和焦虑，她平心静气地接受了现实。说来也怪，平心静气的心态让她变得聪明起来，她发现了自己以前从来没有认真注意过的长处，这就是她对烹调非常内行。

就这样，在亲戚朋友的支持下，她开起了一家小小的火锅店。由于她发挥了自己的长处，她经营的火锅店生意十分红火，仅用了一年多的时间，就还清了借款。现在她的火锅店的规模已扩大了几倍，成了当地小有名气的餐馆，她自己也确实过上了比在工厂上班时更好的生活。

一个是智商高的工程师，一个是智商一般的普通女工，她们都曾面临着同样的困境——下岗。但为什么她们的命运却迥然不同呢？原因就在于她们各自的心态不同。

女工程师的心态始终处在忧郁之中。这样的心态使得她对自己的人生不可能做出一个公正的评价，更不可能重新扬起生活的风帆，她完完全全沉溺在自己孤独的内心之中。一个人一旦处于这样的心态，其智商就犹如明亮的镜子被蒙上了一层厚厚的灰土，根本就不可能清明光亮。所以，尽管女工程师的智商高，但在面对生活的变化之时，她的心态却阻碍了其智商的发挥。不仅如此，她的心态还把她的智商引向了负面，使她的智商在埋怨和忧郁的方向上发挥出了威力。换句话说，她的智商越高，抱怨就越深，忧郁就越沉重。而与之相反，普通女工的智商虽然一般，但她良好的心态不仅使自己的智商得到了淋漓尽致的发挥，而且还决定了其性质是正面的、积极的，所以她获得了成功，过上了比以前更好的生活。

最快乐的女人并不认为一切东西都是最好的，而是满足于自己已有的一切；最幸福的女人并不认为生命都是一帆风顺的，而是用积极的心态对待生活。其实，决定一个女人命运的关键就是“心态”。

一位伟人说过：“要么你去驾驭生命，要么是生命驾驭你。你的心态决定谁是坐骑，谁是骑师。”人生并非只是一种无奈，而是可以由自身主观努力去把握和调控的，心态就是调控人生的控制塔。女人有什么样的心态，就会有什么样的生活和命运。

生活中总会有各种各样的事情发生，没有人可能预料到明天会发生什么，但女人可以用良好的心态做人生的指挥官，相信自己才是自己命运的主宰。

一位名人曾经说过：播下一种心态，收获一种思想；播下一种思想，收获一种行为；播下一种行为，收获一种习惯；播下一种习惯，收获一种性格；播下一种性格，收获一种命运。这句话的真正含义就是：心态决定命运。女人的命运在自己手里，因为女人掌握着自己的心态。

良好心态的能量是巨大的，也是动力产生的源泉。有了它，女人就能把握住自己的命运，实现人生的理想，在人生的道路上勇往直前。

有个叫琳的女孩大学毕业后，到一家跨国公司去应聘业务员，毕业于名牌大学的她非常顺利地进入到了最后一轮的面试。

面试是由公司的总经理负责。个头不高，微微有些发胖的总经理四十多岁的样子，眼睛里透着精明、练达，他看了看琳的资料后，说：“虽然你的表现很优秀，但我们仍不会聘用你。”琳有些意外，大脑迅速膨胀着，不过她还是清醒地意识到应该保持风度，微微一笑，说：“没关系，我再到别的公司碰碰运气。”

“年轻人，请你告诉我，你走出大厅会先想到什么？”

面对这个已属额外的问题，琳坦然地说：“我应该首先想一下这次面试失败的原因，发现自己的不足，争取下一次成功。”

“你不用想了，我们决定聘用你，我们需要善于总结教训、承担失败的业务员。”

8个月后，琳已经成为这家公司的部门经理。

琳能成功获得公司的工作岗位，完全是她积极的人生态度打动了面试官，这也正是面试官所想要的。积极心态是女人成功的首要条件，是一个人思考问题的方法。一个人如果是一个积极的思考者，进行积极思维，喜欢接受挑战和应对麻烦事，那她就成功了一半。琳的事例就验证了这一点。

人们常说，性格决定命运，心态决定姿态。对待生活，不同的态度就会有不同的表现。要看一个女人生活得是否幸福，不能看她的物质状况，因为有钱的不一定就会觉得幸福，而经济条件一般的，却未必会觉得不幸福。

我们的欢乐与痛苦，其实都是自己的心态所造成的。心态都有“好”与“坏”之分，尤其是当它反射到我们心灵上的时候，由于掺杂了主观臆断的因素，我们心目中的“好”与“坏”也就偏离了原来的真实本质。所以，懂得如何快乐生活的女人，遇事应该保持一个积极的心态。

一位作家曾写道：“快乐是一种角度，从这边看是痛苦，换一边看未尝不是幸福。被刺到手时，你的快乐是因为它没有刺到眼睛。”看问题角度不一样，心态自然也就不一样了。

无论生活多么糟糕，都要保持一种积极心态。人生中有晴天丽日，也有阴雨霏霏，有了积极心态就可以超越恐惧、自卑、胆怯、气馁；有了积极心态就不怕失败；有了积极心态就有了健康的精神与信念，就有了永远保持魅力的资本，同时积极心态给你带来的一切也将受用终身。

从现在开始，选择积极的心态；从现在开始，去爱你的工作，去爱你身边的一切；你的岁月会奏起激扬的乐章，世界也将因你而精彩！

生命箴言

良好的心态是拥有诸如善良、宽容、平和、从容等多种美好的态度。面对挫折、苦难，她总是保持一份豁达的情怀，能保持一种积极向上的人生态度；心灵的美丽是拥有博大的胸襟，非凡的气度，能笑对人生的风风雨雨。

好情绪，快乐的女人最有生命力

有位记者问一位成功男士：“你最欣赏哪种女人？”记者心里想好万千种答案，然而令她出乎意料的是，男士冷静而果断地回答：“我最欣赏快乐的女人，这样的女人最具生命的活力。”

拥有快乐的女人，也许她不是最出色的，但却是懂得生活真义的人。也许她不是漂亮的女人，但却是健康可爱的，更是幸福的。假如一个漂亮出色的女人不快乐，那么她的漂亮与才干又有什么意义呢？

快乐女人有着一颗平和的心。她们从不对生活不满，更不会在追求一些东西的过程之中而抛弃了快乐。

快乐女人的脸部呈现出来的表情是放松愉快的，她们的生活很有情趣，尽管平凡但却充满了甜蜜的味道。

快乐女人有着一颗爱人的心。与她接触的人不会感觉到沉重，相反，犹如春风拂面，给人带去一份轻松与惬意。

快乐女人，有着一种无形的力量，吸引着你走近她。她们热爱生活，知道如何能让生命更有意义地度过。

快乐女人有自己的理想。她们既不依靠别人，也不自怨自艾。她们会按照自己的既定目标一如既往地前行。

快乐女人很容易满足。她们心怀感激，为自己已拥有的一切感谢上苍。她们不盲目攀比，更不让自己变得愚蠢。她们也会与别人比较，但内容却是如何更快乐更充实。

快乐女人活在今天。她们只为今天做一些行之有效的事情，她们参加运动，爱惜自己的身体。她们要求上进，加强自身的修养，不断学习。她们珍惜时间，不把时间浪费在异想天开上。

快乐女人懂得自如切换自己的角色。即使自己在外面是个强硬的人，到家后她依然是那个小鸟依人、楚楚动人的小女人。

快乐女人能够放得下，十分大气。痛苦过后只是一笑置之，争吵过后能主动与对方握手言和，妒忌过后会虚心向别人学习。

快乐女人身上有着坚强与责任。她们有自己的人生信条，不会随波逐流，更不易被各种诱惑所吸引，遇到困难她们迎难而上，直至到达胜利的彼岸。

那么，怎样才能成为一个快乐的女人呢?

首先，你必须拥有快乐的思想。

一个拥有快乐思想的女人，才是一个懂得生活的女人，才是一个高情商的女人。若女人终日想着那些不快乐的事，就只能沉湎在悲伤中痛苦不堪；若女人总是想着那些自己害怕的事情，内心就会充满惊惧；若女人总是担心自己会失败，其结果往往就是失败：若女人常常自艾自怜，最后很有可能就会真的变成“可怜人”……相反，如果女人所思所想都是快乐的事，她往往就真的能够快乐幸福。

说到这里，有的女人会提出抗议：“说得那么简单！生活顺利的时候，想快乐的事自然没有问题，但是如果你爱的人不爱你了，被炒鱿鱼了，生病了难受得死去活来……谁还能想着快乐的事呢？人在不如意的时候，抱怨、担忧、恐惧、失望等这些负面情绪会将心占得满满的，又怎么会有工夫去想快乐的事呢？而且，面对有的困难，如果只想着快乐的事，很容易因为过度乐观而让事态变得更糟。”

其实，我们这里所说的女人要有快乐的思想指的是，女人对待生活中的种种问题要用正面的、积极的态度。拥有好的心境才能拥有好的人生。幸福是一种心理体验，女人幸福与否关键在于拥有怎样的心境，而外在条件并不能起决定性的作用。叶卡琳娜和海伦·凯勒的不同人生际遇就是对此最好的说明。

叶卡琳娜是18世纪的俄国女皇，荣耀、权力、财富这些他人穷其一生追求的东西她都已经拥有，按理来说她应该是很快乐的。但是她却说："我这一生从来没有快乐过。"而海伦·凯勒出生于一个平凡的家庭，在很小的时候就因疾病而变得又瞎、又聋、又哑，面对这种完全没有希望的人生，海伦·凯勒却能拥有阳光般的心境，她自强不息，在老师的帮助下学会了英、法、德等5国语言，而且完成了多部流芳百世的著作，成为女作家、教育家、慈善家、社会活动家。她说："我发现生命是这样的美好。"

这就是拥有快乐思想的人与没有快乐思想的人的不同人生。女人们想要拥有快乐的人生，先让自己拥有快乐的思想吧！

一位对生活极度厌倦的绝望少女，感觉到自己生活的环境糟透了：到处是垃圾和正在施工的工地，晚上回来乱哄哄的。她每天的心情都很郁闷。她的邻居是个画家，每天去湖边作画。

一天，她在湖边遇到了这位正在写生的画家，便在闲聊中说起了她的烦闷。

画家似乎注意到了少女的存在和情绪，他依然专心致志地作着画。一会儿他说："姑娘，来看看画吧。"少女心想：住在那样糟糕的环境里，还有心情画出美丽的画？她走过去，满不在乎地看了一眼画家和画家手里的画。

少女被吸引了。她真没发现世界上还有这么美丽的画面——他将垃圾场画成了美丽的公园，将荒凉的秃山画成了依山而建的别墅。最妙的是，建筑工地的工人们一手拿两个馒头，蹲在墙角，憨厚地笑着；湖边还有个雕塑，是那个建筑工人的孩子在妈妈的怀里微笑。良久，画家突然挥笔在这幅美丽的画上点了一些黑点，少女惊喜地说：“啊，这星辰和花瓣！”

画家最后将这幅画命名为《生活》。少女感到心里像放下一块大石头一样轻松，心灵也随那袅袅婀娜的云升上天空……她问画家：“你是怎么画出来的？”

画家笑着说：“我每天只记住生活中美好的。你难道没发现身边的美丽？这里是即将建成的大型生态园，身边的建筑工人们今天填土，明天绿化，不就是美好生活的建设者吗？用心只记这些美好的，生活不就是充满希望和快乐了吗？”

人生之不如意，十有八九。决定幸与不幸、快乐与痛苦的，不是我们的处境，而是我们的心态。不管发生了多么令人不愉快的事情，都要保持快乐思想，勇敢面对，与生活讲和。可以说，生活中的忧愁和快乐在于自己的选择，只在心里记住生活中美好的部分，日子就是温暖和快乐的，自己就会永远生活在春天里。即使有一万条苦闷的理由，也要有一颗快乐的心，接受事实、享受事实，同时善待自己、善待别人。

生命箴言

快乐是什么？心理学的解释是人们的思想处于愉悦时刻的一种心理状态。快乐是没有条件的，它是幸福海洋里激起的美丽浪花，是人生乐曲中振奋人心的音符，更是一种积极向上的人生态度，是一个人内心真实的反映，是自动自发的。正如罗曼·罗兰所说：“所谓内心的快乐，是一个人过着健全的、正常的、和谐的生活所感到的快乐。”

第二章

进取力：放飞梦想，拥抱希望

昙花为了自己的梦想，甘愿承担往日无人的理睬，

流星为了自己瞬间美好的梦想，宁可放弃灿烂闪耀的生命，

彩虹为了自己绚丽多姿的梦想，坦然忍受暴风雨的洗礼，

雄鹰为了自己翱翔蓝天的梦想，哪怕是接受生死的挑战，

追梦就如登山，梦越大越完美，山就越高，越险峻，

你为梦想付出多少，你就会得到多少。

有梦想，心怀美好，不负此生

相信，每个女人都曾有过自己的梦想，可随着年龄渐增，物质、金钱、家庭等等的“大事”让我们抛弃了曾经的梦想。

有一位女作家，精辟的总结了很多女人的一生：20 岁之前，我们活在家人、老师的期望之下，背负着很多的压力与包袱，自己也不够成熟，能力不足，因此步履难免不稳。20 岁之后，离开了众人的压力，卸下了包袱，开始全力以赴地追求自己的梦想，就这样愉快地过了 10 年。可是过了 30 岁，发现青春已逝，不免产生许多的遗憾和追悔，于是开始遗憾这个，惋惜那个，抱怨这个，嫉恨那个……就这样在抱怨中度过了几十年。到了 60 岁，发现人生已所剩不多，就告诉自己不要再抱怨了，珍惜剩下的日子吧！于是默默地走完了自己的余年。而等到了生命的尽头，才想起自己好像有很多重要的事情没有完成……

梦想是值得珍惜的。梦想是心灵的花蕾，它像爱情一样，只有及时浇灌，才能带给女人幸福愉悦的体验。所以，女性朋友们一定要坚持不懈的追求，朝着自己的梦想前进，不能让它随着岁月流逝而消失。

梦想的定义在大部分人的字典里比较接近“念头”，一闪而过，来来去去，所以，拥有梦想很容易，放弃梦想也很容易。容易放弃梦想的人自以为毫发无损，只不过一个念头的生与灭。其实，梦想应该更像一个人对自己一生的“承诺”，必须严肃认真地面对它、实践它。

小娜和小叶考进了同一所全国著名的学校，在学校学习期间，两个人都十分努力，成绩优秀。大学生就业越来越困难，幸运的是，毕业的时候，一家国际知名的大企业到学校来招聘，两个人都顺利地过关斩将，成功地获得了仅有的两个待遇优厚的职位。

因为是校友，又到了同一个公司，两人自然就成了好朋友。

在别人眼里她们是幸运的，从一个普通学生一下子就跨入了白领阶层。小叶也是这样想，她对自己的工作十分满意，认为自己以前所有的努力终于有了回报。所以，她总是小心翼翼地在工作上不出一点差错，生怕丢了饭碗。

可是小娜则不然，到公司以后，她的工作也很出色，颇受上司赏识。但是小娜觉得这家公司不太适合自己发展，于是积累了一些经验以后，毅然决定辞去待遇丰厚的职位，打算自己下海打拼。临行前，小娜和小叶打了个招呼。

"什么？你疯啦！好好的工作不做，辞职了没收入怎么办？做生意破产了怎么办？"小叶显然不理解小娜的想法。

"工作了一段时间，我觉得应该出去闯一闯了。创业一直是我的梦想，我要证明给大家看，女人也可以做一番大事业，也可以自己当老板！"小娜充满信心地说。

"做女人，安安稳稳就可以了，不要有那么大野心，而且我们现在的工作待遇已经很高了，别人想找还找不到呢！"小叶善意地劝说小娜。

"小叶，现在竞争激烈，我们不能安于现状，人不能不有点雄心。你也一样，别老安于目前的状态，我看这家公司还是很适合你发展的，你也要有个奋斗目标才行。"小娜反过来劝说小叶。

最后，小娜还是离开了公司自己闯荡去了，小叶依旧兢兢业业地保护着她那"稳定的工作"。

两年后因为政策的原因，小叶所在的公司进行了一次大的人员调整，小叶虽然工作上没出过什么错，可是因为太"不进取"，被公司列在了裁员名单里，只好重新找工作。而此时，小娜已经是一家公司的总裁了。

这个故事中，尽管小娜在不停地劝解小叶，但是小叶因为安于现状，不思进取，最终还是丢掉了所谓的“铁饭碗”；而小娜志存高远，敢于挑战自己而实现了自己的梦想，成为了最后的胜利者。可见，在人生的成长过程中，一个人能否成为最后的受益者，与他是否具有雄心是相关联的。

女人都有过儿时的梦想，都有过理想中想要追逐的天空。然而，生活的竞争与残酷使原有的梦想被丢弃，在忙碌的生活中迷失了自己。梦想对于你可能已太过遥远，哪怕只是偶尔有一闪而过的念头，也被世俗中的那一点不尴不尬的物质生活所破灭了，太害怕失去却又害怕得不到，你已没有了勇气去承载一份梦想。所以日复一日、年复一年，生活重复、重复又重复，仿佛一眼看到白发苍苍的日子。即使厌倦这样的重复，也没有真正付诸行动去改变它，因为没有勇气，你不相信自己能得到什么，所以你的生活充斥着哀声怨气，但却又无能为力！

“淑女屋”的老板匡子因为一个蕾丝的梦想，开始了自己的创业之旅。小时候，匡子家的周围有一些欧式建筑，她从小看着它们，就想象着童话故事中的生活，觉得自己就好像童话故事中的公主一样。爱幻想的孩子可能都喜欢画画，匡子也爱画，她把自己设计的美丽衣服画下来，把自己想象的宫殿也画下来。在她的心中，她未来就会生活在这样的宫殿中，穿着美丽的衣服，演绎着王子与公主的爱情。匡子爱好听音乐、读小说、看戏剧，特别是古典戏剧，她常常沉浸于剧中的情节里，感动得一塌糊涂。

为了完成自己童年的梦想，1991 年，26 岁的匡子南下深圳，在那里她开设了第一家“淑女屋”专卖店。十几年时间，“淑女屋”迅速成长起来，至今已在全国开设了百余家连锁店，成为年轻女性们拥戴的品牌。匡子设计的灵感往往来源于戏剧故事，当她被一个故事感染的时候，就会身临其境，把自己当成故事中的人物，这时候她拼命地想通过某种方式把这种情感表现出来，于是就有了创作的灵感。草原小屋、绿色狂野、情人节玫瑰、黑白贵族、天鹅湖、奥菲妮娅、森林女王……在匡子设计的作品中，几乎每一个都可以找得到古典戏剧的影子。而这些设计作品就是她的梦想，她的梦想也成就了她的成功。

如今的匡子已经是身家上亿，聪明的匡子，正是大胆地将女性梦想中的美物质化，获得了事业的成功。匡子的设计室很大，布置得像童话中的宫殿。因为能真实地生活在自己的梦中，匡子热爱着生活的每一天。

梦想的力量真是不可思议。记得一位哲人说过一句话：“一个女人可以没有美丽的容颜，但万万不能没有美好的梦想。”梦想，是黑夜里的一点烛光、一盏明灯、一弯新月；梦想，是岁月里的一缕清风、一滴露珠、一丝细雨；梦想是轻盈的雨蝶，是放飞的风筝，是飘扬的柳絮，是漫天的飞雪；梦想是飘逸的长发，是摇曳的裙摆，是曼妙的舞姿，是张扬的灵魂。

梦想就是一颗珍珠，或大或小。对于那些一生当中有很多梦想的人，就可能结出一粒又一粒的珍珠。当有一天其中一个梦想成熟之后，这个梦想还会像一根链子一样，将那些散落的小珍珠，或者还没有成型的珠子，串成一串美丽的珍珠项链。

是啊，有梦想的女人最美丽。梦想，是女人一生中，永远在寻找，永远萦绕心间的一个美丽的梦。每个女人都应该迈开追寻梦想的脚步，让自己的人生更绚丽多姿。

生命箴言

梦想是美丽的衣裳，是心灵的花蕾，有梦想的女人才不会被现实的冷酷榨干，有梦想的女人才不会对琐碎的生活失去激情，有梦想的女人才能更好地体味幸福。

信自己，自信让梦想照进现实

自信是成功人士所具有的优秀品质，对于女人来说，更是一种不可言喻的美，这种美来自于各个方面。如果说把单纯的外表漂亮的女人定位为美丽，那是一种肤浅的想法，女人真正的美丽源于自信。

自信的女人，不一定有倾国倾城之姿，不一定有沉鱼落雁之貌，甚至可能相貌平平，但是，因为有那份自信，瞬间就变得娇艳动人，优雅高贵。因而，无论在什么地方什么时间，她们都会成为万众瞩目的焦点，人们眼中的耀眼明星，而且永远不会因为容颜的老去而失去光彩。

自信的女人，走路的时候总是昂首阔步，用沉着坦然的表情向人们传达一种美丽的气质。自信的女人，不同于那些容貌出众、才华杰出、家财万贯、权倾一时的自负女人；也不同于目空一切、高高凌驾于众人之上，仗着自己的优势，不肯轻易向凡间俗物略微低头，给人一种望而生畏的自负女人。自信的女人，因为自信而多了平和，多了宽容，多了礼貌，多了和颜悦色，因而，众人眼中的她，犹如圣母玛利亚般，易于交谈，易于接近，因而愿意亲近。

自信的女人，无论家庭、事业、交际，都能一帆风顺。自信的女人，不会学那些为赋新词强说愁的小女人，也不会学那些无事生非的多嘴妇，整天无所事事，借助其他一些无聊的事情来消磨自己的青春；相反，她们目光长远，对自己有充足的信心。经营家庭，她们游刃有余，可以处理好与父母、子女、丈夫之间的各项事务，能经常带给家人一些惊喜，以使自己的家庭幸福美满；经营爱情，她们绝对是男人眼中的温柔女人，体贴妻子，给予男人的默默支持，会让在外奋战的男人感到前所未有的放松，既而更加信任她们；经营友情，她们是最好的良友，会在朋友最需要帮助的时候，报以微笑，用心倾听朋友心中的苦痛，给以最真诚的关怀。即使偶尔出现挫折打击，她们总能轻巧化去，一举手、一投足间，便能让事情向着有利于她们的方向转去。

但这不是说自信的女人就是女强人。女强人的雷厉风行不可一世总使人敬而远之。而自信的女人或者刚强，或者柔弱，或者中性，但都使人易于接近，喜欢接近。她们刚强时，会非常豪爽，用一份洒脱和坦率使你心悦诚服；柔弱时，往往会让人有种怜香惜玉的感觉，继而心甘情愿地任她“摆布”。

自信的女人，懂得她最需要的是什么。荣华富贵不能使她们折服，金银首饰不能使其开颜，香车别墅不能让她们动容，弱水三千，她只取自己想要的，那是她们的睿智所在。所以，自信的女人，从来没有绯闻惹身，因为她们本来就洁身自爱，感情专一。

自信的女人，时常会是众人信任和赏识的对象，所以有时也许会疲惫不堪，但是聪明自信的她们总是可以找到更好的办法，在最短的时间内处理好各种问题，给大家带去更大的惊喜。

自信的女人，不一定拥有的丰厚的物质财富，但是，她却拥有一份富可敌国的精神财富——自信，这是一份属于自己的永恒的财富，别人夺不走，像美丽的光环，照耀她，使她散发出更加迷人的魅力。

中央电视台的一个公益广告给很多人留下了深刻的印象：冬日的早晨，一个喜欢跳舞的农家女孩推开篱笆，在白雪漫天的山寨中翩翩起舞。她梦想着在真正的大舞台上尽情展示她那优美的舞姿……最终，她从山寨中的空地上跳上了城市的大舞台，从一人独舞到与万人共舞……那句经典的广告语让人分外感动：“每个人心中都有属于自己的舞台。心有多大，舞台就有多大。”

“心有多大，舞台就有多大”，其实这就是一种自信的生活态度。人生就是一个舞台，你能取得多大的成就，取决于你自信的程度。

真正自信的女人不会因为相貌平平而感到羞愧，不会因为年龄的增长而自卑，不会因为增加了一道皱纹而烦恼。自信的女人无论是在生活中还是在工作中都容易取得更大的成功。

美国著名企业家玛丽•凯•阿什同时具备了自信和领袖魅力的个性，而且凭借这两种品格建立了价值为10亿美元的公司。在她的身上，散发着磁石般的魅力和个性化的光环，深深地吸引着身旁的人。她那超凡的自信使她的玫琳凯化妆品公司自立于竞争激烈的化妆品行业，她用自己的领袖魅力吸引着美国最具力量的多层次推销网中的女性销售人员，并推动着她们到达不同凡响的高度。

自我激励是阿什的天性，也是她获得成功的原因。阿什最喜欢说的话是：“如果你想你能，你便能行；如果你想你不行，你肯定做不到！”阿什是个非常自信的具有领袖魅力的人物，在讲到玛丽•凯公司的冒险经历时，她说：“我甚至从未曾具有领袖魅力的人物，在讲到玛丽•凯公司的冒险经历时，她说：“我甚至从未曾想到失败这件事，这是绝对不可能发生的。”并且，她热诚地推崇这一思想：“如果你有两件礼物让孩子选择，一件是100万美元现金，另一件是积极乐观的自信，我想更值钱的礼物应该是信心。”

这便是所有成就伟业者的共有个性，他们坚定的自信几乎克服了任何潜在的困难。的确，自信心就像能力的催化剂一样，它可以将人的一切潜能都调动起来，将各部分的功能推进到最佳状态。在许多成功者的身上，我们都可以看到超凡的自信心所起到的巨大作用。这些事业取得成功的人，在自信心的驱动下，敢于对自己提出更高的要求，并在失败的时候看到希望，最终获得成功。

在出人头地的道路上，不知有多少挫折。有的女人就像一颗不能发芽的种子，历尽艰辛，只能凄凄惨惨走一回，白白浪费了一世的光阴。她们自怜自叹，顶多只能换来别人的几滴同情眼泪而已。只有那些充满自信的女人，才能历尽风霜终不改，成为人生的大赢家。

有这样一位女子，在最初的几年里，不论做什么事，不论如何尽心尽力地去做，都一败涂地，无所建树。有一天，她听到了这样一句话："如果你们有信念，坚持不懈地努力，任何事情都可能成功。"她突然领悟到，她所遗失的一件重要东西，就是在她的心里没有养成信念，没有相信自己。

于是，她养成了一个习惯，训练自己对每一件事都抱有积极的想法，凡事往好的方面去期望，去努力。于是，奇迹发生了，她果然事事得心应手，迅速地成为了商界的女领袖之一。她成功的秘密就是将自己的能力发挥到极限，使那些似乎不可能的事，也变得可能。

爱迪生曾说，"自信是成功的第一秘诀"。的确，没有自信，任何女人就只能任"小溪冲走生命的花瓣，却永远托不起成功的巨轮"。当你遇到困难时，只有相信自己，才有可能成功。如果连你自己都感到无法面对困难，战胜困难，那么成功是不可能属于你的。因为，自信是成功的基础，是告别贫穷的基础。所以，想要成功的女人们，不妨经常提醒自己："我一定要赢，我一定能赢！"

生命箴言

自信原本就是一种美丽，当你昂着头的时候，已经展现出你的魅力了。无论是贫穷还是富有，无论是美若天仙还是相貌平平，只要你昂起头，自信就会使你变得可爱——因为自信可以让女人拥有一种特殊的气质，一种具有震慑力的气质。

敢独立，幸福是自己争取来的

独立，是女人身上的一种魅力。像《2046》里巩俐饰演的黑蜘蛛，有着一双看破尘世浮华的淡漠的眼，一张诱人的烈焰红唇，一袭黑色的紧身小礼服，高贵优雅地出现在众人面前，让人有一种惊鸿一瞥的感觉。《甜蜜蜜》里张曼玉饰演的李翘，则是一位可爱的女人。她是一株无论在什么环境下都能够茁壮成长的杂草，有着极顽强的生命力。

历史上，好女人总是作为某个男人的附属品而存在，而今时代不同了，聪明的女人了解了独立的意义，她们相信独立的女人是最美的。独立的女人就犹如盛放的郁金香，那矜持端庄的花姿，娇艳夺目的花朵，衬以淡绿色的叶片，散发着属于自己的芬芳，姿态永远是那么优雅，气质永远是那么迷人。独立的女人懂得为自己而活，懂得自尊自爱，明白只有这样，生活才会更有价值，这样的女人身上会散发出迷人的芬芳，也才能得到更多，比如说幸福。

记得曾经看过一个选美节目，主持人问选手：如果让你带三样东西到荒芜的沙漠去生活，你会带什么去？选手回答：我会带一个男人去，因为那个男人会把我所需要的东西全部带去。主持人说：那你这个愿望可能会落空，因为那个男人可能在到沙漠之前就跑掉了，我是男人，也知道男人是靠不住的，女人最重要的还是要靠自己。细想之下，这话是非常有道理的，要想和男人并驾齐驱，只有拥有坚强的性格，独立的经济和平等的地位，否则一切都是空谈。

穿过岁月的长河，个性独立的女人，如大雪中的青松一样，即使满满的负荷压在身上，依然在光阴的剪影中绽放着那盈盈一笑，任寒风轻轻拂过时间的指尖，洒脱而任性地向着阳光奔跑。

具有"民国女神"称号的林徽因，就是一个崇尚独立的女人。林徽因的独立个性，既是受西方思想的影响，更是一种意识上的觉醒。这，也与她的家庭环境有关。

林徽因的母亲何雪媛是继室，不受父亲宠爱，可在情感上，她依然依赖于父亲。在父亲的冷落下，母亲何雪媛日渐消沉，脾气也变得乖戾刁钻。林徽因从小将这一切看在眼里，并铭记在心。

林徽因是一个聪明的女人，她曾经对母亲的境遇反思良久，并暗暗下决心改变自己的命运，于是，她一生中都特别积极进取，尽量由自己掌控自己的人生，甚至不为情感所左右，她追求思想与人格的独立，因此事业也一直不断地上升。

1925年，林徽因的父亲林长民去世。林徽因自然是悲痛万分，她担心家里因父亲去世，而失去经济来源，就有了回国的想法。

梁启超怕她有这想法，就给梁思成写了一封信，信的大意是："徽音（林徽因的原名）留学，总要与你同时回国，学费的事别担心，就算我多一个女儿在外留学罢了。"

虽然林徽因十分感激梁启超，可独立意识很强的她，依然打算自己挣费用，想用打工的方式挣学费。

父亲去世后，林徽因不仅要照顾母亲，还要照顾其他家人生活。尽管母亲对林徽因的异母弟弟林恒有敌对态度，可思想独立的林徽因，并没有受母亲影响，而且在母亲的抱怨中，懂得克制自我，对弟弟林恒一直尽一个姐姐应该尽的责任。

林徽因结婚后完全可以像很多女人一样，在家相夫教子，做一个全职太太，可她并没有因为婚姻而失去自我。结婚后，不论是与"京派作家"的交往，还是将北京总布胡同的家打造成一个“太太客厅”，都是她追求自我与独立的表现。

独立的女人如一泓清泉，透彻却富内涵；独立的女人如一座大山，宽厚而坚强。

法国著名女作家西蒙娜·德·波伏娃曾经说：“女人，不是生而为女人的，是被变成女人的。”波伏娃身为女人，她的个性与思想一直是独立的，她是个性独立、完美实现自我价值的女性典范。

一个女人要有独立的个性，就必须要在思想与精神上独立，更要在经济上独立。

哲学家笛卡尔曾经说：我思故我在。一个女人只有学会思考，才能有自己独到的见解与观点，才能有一份洒脱的性格，才能活得潇洒，活得轻松，活得自由，从而具有独特的人格魅力。一个女人要有独立的个性，也要像柴静一样，遇事情时心有主见，有自己的想法。

1999年，在湖南小有名气的柴静选择去北京读书。若干年前，高中老师曾告诉柴静的母亲：“这个女孩虽然不怎么讲话，但心里有自己的主意。”高中老师在此说的“心里有主意”，就是指柴静非常有主见，凡事能自己做主。这就是柴静独立性强，能独立思考，有独特想法的表现。

独立思考，真诚对待他人，是柴静为人处世的准则。2000年，柴静接到一个电话，是中央电视台的陈虻打来的，在电话中，陈虻邀请她加盟《东方时空·时空连线》做深度评论的主持人，和白岩松做搭档。

后来，柴静接受了陈虻的邀请，来到了中央电视台工作。繁忙的工作中，柴静一直没敢问陈虻选择她的原因。

直到陈虻去世前，柴静才听他和别人说起为什么邀请她加盟《东方时空·时空连线》，他说：“柴静有很多毛病，但是有一点，她还是不人云亦云的。”

不人云亦云，正是柴静个性的鲜明特点——独立，有自己独特的想法。个性独立的柴静，早年为了梦想，独自到湖南长沙上大学。到中央电视台后，她不仅为梦想不懈地努力，而且对很多问题，都有自己独到的见解与看法。比如，她对宽容的看法就很独特，她认为“宽容不是道德，而是认识。唯有深刻地认识事物，才能对人和世界的复杂性有了解和体谅，才有不轻易责难和赞美的思维习惯”。

个性独立的柴静，思想特别独立，很少被他人的思想左右与绑架。曾经有一些人在她博客后面留言：“希望你评论此事。”柴静理解公众的期待，但却不会被这个期待绑架。柴静说道：“中国不缺评论员，缺的是报道的人。”

舒婷的《致橡树》有这样的诗句：“我如果爱你，绝不学痴情的鸟儿，为绿荫重复单调的歌曲；也不止像泉源，常年送来清凉的慰藉；也不止像险峰，增加你的高度，衬托你的威仪。甚至日光，甚至春雨。不，这些都还不够，我必须是你近旁的一株木棉，作为树的形象和你站在一起。根，相握在地下；叶，相触在云里。每一阵风过，我们都相互致意。”

爱情中的女人需要独立，工作中的女人更需要独立，因为独立的女人是最强大的。而独立的个性，是最具魅力的个性。一个女人要想活得幸福与洒脱，活出自我风采，那一定要先学会独立，学会独立思考，在思想与精神上做到独立。

生命箴言

一个女人只有拥有独立的个性，才能不依赖于他人，才能有自由，才能像天空的鸟一样，随心所欲，自由而幸福地在天空中飞翔，甚至能越飞越远，越飞越高。

要自强，给生命插上翱翔的翅膀

莎士比亚曾说过这样一句话：“弱者，你的名字是女人。”数百年来成为脍炙人口的流行语。传统观念中，女性与政治不沾边，居家带孩子才是女人的本职工作，但很多女人以自己的实力告诉世界：“我要的不是这些”。

2006年1月16日，一些国家的政要齐聚利比里亚国会大厦，参加非洲首位女总统、曾在美国哈佛大学接受教育的埃伦•约翰逊•瑟利夫的就职典礼。

这是一个具有传奇色彩的女人，她出身寒门，既没有豪华型的政治世家背景，也没有当过总统或总理的政治家丈夫。为登上总统宝座，她付出了更多的血汗与泪水。她在美国当过洗碗工，在国内坐过牢，还在国内军事政变中差点被叛乱分子砍了头。

而在家庭生活上，瑟利夫也有颇多挫折，她17岁就结婚，并且生下4个孩子。后来她离了婚，独自抚养4个孩子。利比里亚是个民风保守的国家，离异独身的瑟利夫因此不容易被人接受。在1997年的大选中，“单亲妈妈”的身份使瑟利夫输得很惨。但瑟利夫没有气馁，她终于在2005年12月底举行的大选中击败对手，笑傲政坛。

如果这位女总统动过一次“我是个弱者”这样的念头，相信她就不可能会有今天，她也许继续当洗碗工，或者守着丈夫做个家庭主妇。

一些曾遭遇不幸的女人，总是不自觉地会把自己放在弱者的位置。人的一生中总会有失败，总会有挫折，总会有不如意的事情发生，谁能保证自己一生一帆风顺？碰到不如意的事就怨天尤人，就需要别人照顾，就会反反复复地述说自己的不幸以引起别人的注意，这样有用吗？祥林嫂的悲剧有社会的原因，也有她自身的原因。一开始，别人会同情她，时间长了，同情会变成厌恶。

人性都有弱点，有自己意识不到的无奈与痛苦，有自己无法面对的困难，当困难落在自己身上时，坚强似乎变得遥不可及。总沉浸在自己的痛苦中无法自拔，认为自己是弱者，需要他人的帮助，殊不知只有自己才能救自己，遇到困难更要选择坚强。著名的女设计师蒋艳认为："女人不一定要做男人一样的'强人'，但一定要做生活的强者。女人做事是不易，但我要说，真正妨碍女性发展的正是女性自身。"

王晓是一家大酒店的总经理，她之所以有今天的成功，原因就是她从来都没把自己当成是一个弱女子，一个需要社会和其他人来袒护的女人。她站在和男人一样的出发点，一路走来，永不言弃。从一名普普通通的下岗女工成长为一名酒店经理，其中的辛酸自不必说，每当她遇到困难时，她就会告诫自己，别以为自己是女人就可以找各种理由来逃避现实，只有坚持到底才是真正的女人。

作为女人，我们除了要自尊自爱以外，还要相信自己绝不是一个平凡的弱女子。男人能干的事情，女人也一样能干，更要相信自己能找到使人生不断发展不断进步的真正生活。女人不可能完全依靠着男人来实现自我的完善。所以，女人必须摆脱那种错误的"弱好"理论，而要做一个真正的女人，一个可以创造任何奇迹的女人。

正因为很多年轻女人缺乏自立自强的意识，才会一直站在弱者的队伍里，也因此而失去了战斗的勇气。所以，年轻的女人不要再把自己看作弱者，现在你要做的就是试着褪去懦弱的外衣，披上了坚强的盔甲，用自己的能力抵挡生活中的所有冲击，大声为自己加油，和所谓的“女人天生为弱者”郑重道声再见！

自强的女人是最有魅力的女人，她们知识丰富、有思想、有独立追求，对婚姻、家庭都有独特的看法，不容易被陈规旧习所左右。她们会凭自己的一腔热情和全部的能力壮大自己、实现自我，她们给婚姻、家庭带来的贡献绝不亚于男人。

晚晴就是一个自强的气质女人。大学毕业后，晚晴一个人到深圳闯荡，在一家房地产公司找了一份工作。晚晴在公司里尽职尽责，打电话尽量简洁，电脑打字纸一张也舍不得浪费。她的表现很快就让经理徐华知道了。一年后，晚晴的工资也涨了将近一半。晚晴了解自己，她不奢求生活会无缘无故地恩赐她什么，她不自负，也不自卑，她光明正大地面对生活。她很少逛街，也很少买高档化妆品，在这座喧闹的城市里，她过得恬淡、宁静、平和、认真。

然而，随着金融危机的到来，公司的效益每况愈下，资金不足，贷款到期，每月工资都在告急。很快，公司职员纷纷跳槽，经理办公室文员就剩了两位，晚晴的工作负担也一下子加重了许多，除了以前的工作，还兼经理秘书和一些策划部的杂活儿。她尽心尽力地去帮徐华做一切琐事，她把他的文具一切归类放好，听电话、接待来宾、工作调度，只要是徐华吩咐她做的，不管是分内还是分外，她都全力以赴地去做，并做得让他满意。徐华非常感激她，但为了晚晴的前途，徐华也曾经劝她离开公司，而这时候的晚晴，已经喜欢上了这个经理徐华，她坚信，只要她陪着徐华共同努力，一定会渡过难关。

晚晴用自己所学的知识和经验为徐华出了一份策划，徐华看了非常激动，也非常感谢，他们按着策划一步一步地实施，半年后，公司不但走出了困境，而且还净赚了400万。

圣诞节那天，公司表彰大会上，徐华亲自奖励了晚晴2万元，还为她配备了小轿车和一套公寓。晚晴知道徐华的良苦用心，但是她觉得她追求的不是钱，而是在为公司做贡献时，实现自己的价值。随后，她为公司开办了一家分公司，并在之后的一年时间里为公司带回了1000多万元的合同。而此时的她早已是公司的副总经理兼人事部主任。晚晴所做的一切，徐华看在眼里，记在心里，他很感激晚晴，觉得任何一个美丽的面孔都没有晚晴美丽动人。

很快，他们两个就结了婚。婚后，徐华问晚晴是在家享福还是继续帮他干？其实晚晴心里早有打算，她对徐华说："我既不想在家也不想跟你干，给我点资金，我想开一家化妆品公司，你看怎样？"徐华向她跷起大拇指说："我支持你！我心中的女神！"结果，晚晴如愿以偿。有人笑她傻，说她有清福不享，有人笑她呆，说她应该跟老公干，省得他花心。听到这些劝告，晚晴一笑了之："他当初愿意跟我结婚，看中的就是我自强不息的精神，在他心里，自强的女人最有气质，经历那么多困难和挫折，已没什么人再能打动他的心了！"

晚晴虽然相貌平平，但却拥有一种不平凡的性格。她是个自强的女人，从大学毕业到去公司上班，到后来帮助徐华实现理想，到最后实现自己的理想，她身上所特有的自强的气质，帮助她一步一步走向成功，并得到了完美的婚姻。此后她也没有选择依附于自己的丈夫，而是选择了自强的人生，保持着独立的生活方式，让徐华对她更加喜欢与欣赏。

自强是一种自我强大的精神，是自我实现的途径。自强是女人获得幸福的首要条件，也是塑造美丽自我的首要条件和必备条件。自强的女人才是男人心中最美丽的那道风景。

生命箴言

女人的名字不是弱者！女人不是月亮，不是温室之花。男人能办到的事，女人经过努力同样可以办到。如果说男人是事业的顶梁柱，那么女人便是男人的主心骨。一个女人，只有承认自己不是弱者，才能向着更加美好的人生前行。

有勇气，坚强面对生活的磨砺

在现实生活中，女人不仅需要外在的美丽，更需要内在更深层次的东西，那就是坚强。

这个世界上有两种女孩，一种是幸福的，一种是坚强的。幸福女孩从小就被父母疼爱着、呵护着，长大后被恋爱中的男友宝贝地宠着，结婚后被老公珍惜着，因此，这种女孩根本不需要让自己学会坚强，她只需要懂得去享受幸福。

还有一种是坚强的女孩，她并不是一生下来就会坚强，而是因为没有人让她体会到什么是幸福，所以，女孩不得不坚强起来，动手创造自己的幸福……

如果让你选，你会做哪一种女孩呢？相信聪明的女人都会选择后者。

不要认为女人生来就是被别人伺候的，你没有资格让众人做你的奴隶，也没有什么特权支使别人做事，不要因为你是女人，你是美女，别人就可以对你忍让三分，更不要因为你是女人，你就可以用眼泪换取同情，那本质上就是自我轻视，是懦弱的表现。

有人说女人天生就是软弱的，女人就是感性的，女人是水做的，眼泪是女人的专利和武器。而聪明的女人不依靠眼泪，因为女人就算是哭干了泪伤透了心，也什么都解决不了，只能让别人轻视。这个世界的悲剧已经不少了，何苦还要折磨自己，让自己不好过呢？所以，聪明的女人别用眼泪当武器。

因此说，女人在面对挫折时，不要流泪，而要勇敢面对。要知道，在多年的生活磨砺中，正是那些大大小小的困难给了我们锻炼自己的机会。昨天你坐在高级轿车的后座舒适至极，明天你也可以手把着公共汽车的扶手大汗淋漓，你不会为自己的不幸而沉沦。失败并不可耻，只是生活中多了一些不便罢了。而把自己推向死亡深渊的根本原因是没有勇气面对自己所处的窘境，是因为“我要比卖白菜的女人高一等”的虚荣心和盲目的自尊心作祟。然而，在冷酷的现实面前，这种虚荣和自尊是苍白无力的。

要明白，一时的失败与挫折并不是让人脸红的事情，也不会有人埋怨你。我们所该做的，也能做好的就是加油，加油，再加油。

风雨来袭时，女人要像男人一样奔跑，带领自己穿越厄运的海洋。生活中有些时候，女人如果自己不勇敢，没人会替你坚强，该坚强的时候，纵使咬紧牙关，也要挺过去。

为了和他在一起，她不顾父母的反对，甚至被父母赶出了家门。结婚那天，父母没有出席，她含着眼泪嫁了，只因不愿为了物质而错过生命中的挚爱。婚后第二年，孩子出生了，父母依然不允许她和爱人一起回家。

直到那一天，全家在医院相聚。母亲的脸上挂着眼泪，对她说：“你的命怎么那么苦？”她也掉了眼泪，可嘴里却说：“不苦。他的命比我的苦。”她说的他，就是她的爱人。谁曾想到，一向好好的他，突发了脑出血，深夜躺在了地板上。

家里不富裕，住院的押金是借来的。住院半个月，他做了两次开颅手术，喉管切开术，整个人昏迷不醒，吃饭要用管子打进胃里，还要不时地吸痰。他虽未醒，可身体却难受得抽搐。二十八岁的她，在情路上一直坎坷，如今看着昏迷的他，心痛不已，却始终没想过放弃。

她每天都在空间上写昏迷日记，她希望他醒来的时候，能够知道发生了什么，不想让他的人生有断点，有记忆上的空白。每天，她会给他按摩，和他轻声说话。他昏迷着，可她始终认为他醒着，她不颓废，干净利落，她说：“我知道，你喜欢干净。我不会给你丢脸的。”

医生说，要唤起病人活下去的意志。她对他说：“你不能就这样睡着，你答应过我，要跟我一起过一辈子。我跟你结了婚，给你生了孩子，你不能‘骗’我。”她还说：“我会一直陪着你，不管你变成什么样，我都爱你，照顾你。”

昏迷第六十天的时候，他的父亲绝望了，说要出院，放弃治疗。她不答应，她相信，他会醒过来。她每天奔波在家和医院，赶上孩子生病，她又要彻夜不眠地照顾孩子。可是，她依然没有怨言，她依然坚强。朋友问起来的时候，她总是笑着说：“我能扛得住。”

终于，昏迷八十天之后，他醒了，完全恢复了意识，能用嘴吃饭，能说话。她激动得哭了，这是出事以来，她哭得最厉害的一次。哭过之后，她又笑了。尽管，他的右半身依然不能动，可相较之前漫长的煎熬、独自的等待来说，她已经很满意。她说：“没事，咱们还年轻，慢慢康复。”

父母见到女儿这般，心再也硬不下去了。他们原谅了女儿，也为有这样坚强、勇敢、可贵的女儿感到骄傲。

有朋友问她，怨过吗？她说，从来没有，自己选择的路，跪着也要走下去。她还说，她相信，换成是他，他会比自己做得更好。

这不是杜撰的故事，这是一位如你如我的平凡女子，在生活中的真实经历。许多朋友自愿到医院去探望她和她的爱人，给她送钱，说是心意，不用还，否则，就是看不起他们。她收下了，可她在一个本子上偷偷记下了，每一个挂念她的人，每一笔钱的数目。她对他说，这些钱，以后都要还。

风雨中的玫瑰是最美的，因为它有精神、有傲骨。百花中梅花是最受人赞美的，因为它不畏严寒，经历艰难以后散发出的美是令人震撼的，是摄人心魄的。坚强的女人，就是有这样的魅力，纵然什么也不说，也不解释，可就能用那颗强大的心感染周围所有的人。她们从不会哭哭啼啼，也不会怨天怨地，更不会遇到点事儿就放弃，越是狂风骤雨，越懂得坚守自己。

一位被丈夫抛弃而割腕的女人，最终选择了勇敢地面对自己的伤口。她说："从绝望中醒来，看到洒在窗前的阳光，我的心顿时就亮了。他值得我这样吗？不值！我就像凤凰一样，重获了新生。"之后，她用母爱全身心地照料女儿，日子过得有滋有味。她的心苦过，可是勇敢让这份苦找到了出口。

一位双亲惨遭不测的女孩，忍着眼泪，坚强地活着。她说："我不是不想崩溃，不是不想痛哭，只是哭过之后，还要自己重新整理心情，现实中有谁能够每时每刻在你身边为你擦眼泪？"她把痛苦压在心底，像所有不谙世事的女孩那样，挂着笑容出现在家人和朋友面前，出现在公司里，不知情的人，根本想象不到她的遭遇。若说没有伤心，那是自欺欺人，她的心每天都像是被刀割，而每天都在不断地缝合伤口，她用微笑释放着痛苦，她在坚强中等待着记忆的冲刷。

也许，此刻的你，丢了工作，生活不如意，为情所困，有诸多的无奈。可是，你不要哭，不要自暴自弃，世上没有趟不过的河，也没有迈不过的坎儿，只要你努力，你付出，你坚强地往前走，这些难题都会迎刃而解。

出门的时候，把自己打扮得漂漂亮亮的，清清爽爽的。你把自己撑起来了，就不会被外界的所有苦难压倒，那才是真正的强大。如果你不能将自己撑起，谁也帮不了，哪怕是你的爱人，你的父母，再伟大的情感也不可能强大于你的内心世界。

有时，你可能脆弱的一句话就泪流满面，可有时，选择了坚强，你也会发现自己咬着牙走过了很长的路。唯有自己撑起的天空，才会映出幸福的彩虹。

生命箴言

女人要坚强，要远离懦弱，有泪也不轻弹。有绽放就会有凋零，不要以为那风雨里飘落的，就都是忧伤的眼泪。那只是女人们向远方传递的爱的消息，来年花期依旧在，什么时候都不晚。

能抗压，顶住压力才能从容前进

现代社会犹如一个巨大的高压锅，我们不仅要承受来自工作方面的压力，还要承受来自家庭方面的压力。工作量大，竞争激烈，很多人担心公司倒闭、裁员、减薪、人事复杂、工时过长、工作方向常常转变、职位角色含糊等，这些状况都使我们遭受压力。而赡养老人、教育子女、购置房屋等又需要大笔资金，加上每月的水、电、煤气和物业费等各种生活费，以及人情往来和全家的医药费，又是一笔不小的数字。由于压力过大，各种各样的烦恼随时都可能降临在我们头上，于是，紧张、焦急、恐惧、愤怒、内疚等不良情绪就会不请自来。

面对压力，强行压抑情绪的外露会给生理健康带来危害，情绪中的声调、表情、动作的变化、泪液的分泌等，可以被意志所控制，而心脏活动和血管、汗腺的变化，肠、胃、平滑肌的收缩等随着情绪而变化，却不受人的主观意志控制。因此，如果你强忍着自己的不良情绪不发作，就会使不良情绪更多地转入体内，给体内器官以损害。不良情绪还会影响我们的人际交往，甚至是家庭关系的“无形杀手”。对于很多爱美的女性来说，不良情绪更是容颜“杀手”，因为心绪会影响美容：焦躁的情绪积郁在身体里，就会转成毒火，冲击身体里主持健康的正气，重则致病，轻则流窜到肌肤变成斑，还可能导致油脂过度分泌而成痤疮，甚至皱纹会过早地爬上眼角眉梢，黑眼圈也会过来捣乱，我们的容颜会遭受到严重打击。

压力带来的不良情绪是一种消极的情绪，它会弄得人心神不定、憔悴不堪、心情低落。倘若不善于处理、化解这些不良情绪，我们就会被它们折磨得痛苦不堪，严重影响生活的品质，甚至招致疾病。所以，处于高压中的我们要学会自我解压，向不良情绪说“再见”。

苹是一名普通的家庭妇女，上有老人，下有儿女，每天还要按时上班。早晨，做饭、服侍老人起床、送孩子上学、自己上班；下午下班，接孩子放学、做饭；晚上要忙完所有家务才能上床睡觉，每天如此。近期，苹单位的效益不好，公司施行岗位淘汰。由于苹无法全力投入工作，绩效无法和一些年轻人比，被单位亮了红灯。

家庭的重担，工作的压力，终于使苹不堪重负。每天晚上都失眠，辗转反侧睡不着。第二天，又不得不应付家务和工作。周而复始，不到一个星期，苹消瘦了很多，也出现了恶心、腹泻的状况，住进了医院。医生说，她压力太大了，需要减压，否则很难根除她现在的病状。最后，在心理医生的调理和医治下，苹才恢复了健康。

以上这个小事例警示我们：不懂得自我减压是很危险的一件事，对女人来说，在不良情绪和压力威胁到我们的健康之前，想想办法，学习一些科学的自我解压方法还是可以防患于未然的。

那么，如何才能自我解压，向不良情绪说“再见”，你可以参考以下方法：

第一，放弃全面承压的危险。女人的焦虑往往超过男人。哈佛大学的研究人员对 166 名已婚夫妇进行了六个星期的研究发现，因为女人们更爱方方面面地考虑问题，所以女人们比男人更经常感到压力。她们会考虑自己的工作、体重，还有每个家庭成员的健康等等。因此，女人们要想减轻压力，消除不良情绪，就必须懂得放弃全面承压的危险。

第二，学会放松。比如现在的工作就是把这份报告打好，其他的事情一概抛在脑后，不去想。在工作的间隙，你也可以花上 20 分钟的时间放松一下，仅仅是散步而不考虑你的工作，仅仅专注于你周围的一切，比如不管你看见什么，听见什么，感觉到什么，闻到什么气味，都不去思考，就在那里静静地放松自己的心情。

第三，说出或写出你的压力。记日记、写博客，或与朋友谈心，都是不错的释放不良情绪的方法。美国医学专家曾对一些患有风湿性关节炎或气喘的人进行分组，一组人用敷衍塞责的方式记录他们每天做了的事情。另外的一组被要求每天认真地写日记，包括他们的恐惧和疼痛。结果发现：后一组人很少因为自己的病而感到担忧和焦虑。

第四，坚持锻炼。研究人员发现，在经过 30 分钟的踏脚踏车的锻炼后，被测试者的压力水平下降了 25%。可见，坚持锻炼身体有利于不良情绪的释放。另外，你还可以上健身房，快走 30 分钟，或者在起床时进行一些伸展练习。

第五，坚持按摩。这里的按摩不只是传统的全身按摩，如果有条件的话，还可以去做足底按摩、修指甲或美容，这些都能让你的精神松弛下来，缓解压力，变得放松。

第六，放慢语速。一个人每天要应付形形色色的人，说各种各样的话。那么你一定要记住，尽量保持乐观的态度，放慢自己的语速。

第七，学会幽默，不要太严肃。在适当的时间和地点，不妨和朋友一起说个小笑话，大家哈哈一笑，气氛活跃了，自己也放松了。

此外，读一篇小说、唱歌、啜茶，或者干脆什么也不干，坐在窗前发呆也行。这时候关键是你内心的体会，要放松，去享受心底的宁静。

生命箴言

压力是客观存在的，并且普遍存在，对谁都一样，所不同的就是如何释放。释放出来，压力可以变为动力，激励斗志。释放不出来，就有可能把人压得一蹶不振。

关键是我们如何顶住压力、释放压力，更好地前进。由压力引起的不良情绪是女人健康和容颜的杀手。当不良情绪来临时，要及时疏导、分解而不能抑制、阻塞。可以发泄，可以倾述，可以是身体运动，可以是言语发泄，不管是行为上的还是语言上的，都要通过适当的途径来排解和宣泄，原则是不能伤到他人。学会解压，向不良情绪说“再见”，你会发现心情是那么舒畅。

第三章

成长力：

自我修炼，破茧成蝶

梦想就像一颗种子，
只有持之以恒，勇于奋斗，
才能破土而出成为参天大树；
梦想就像一粒石子，
只有坚持不懈，肯于付出，
才能成为一块美玉；
梦想就像一只虫茧，
只有坚持不懈，勇于拼搏，
才能破茧成蝶。
人生的成长，需要自我修炼，
飞出来的美丽得靠我们自己。

有学识，知识是女人最好的补药

知识改变命运，是颠扑不破的真理。谁能掌握更多的知识，谁的见识越多，谁就越可能成功。善行者究其事，善学者究其理，用知识武装自己，知识是女人最好的补药。

女人本身有很多的弱点，比如懦弱迁就、优柔寡断……而要改变这些弱点，只有依靠知识的力量。

比如说，女人心细本是好事，但正因为女人心思缜密，所以有些女人就“小心眼儿”多，赚钱只顾眼前的小利小惠，不管以后的长远发展。

女人大多懦弱寡断，用阳刚之气形容男人那是男人的光荣，但来形容女人，则显得女人不男不女，女人多是柔情似水的，她们愿意把懦弱当作自己的优点去发扬光大而不自知。

当然，女人以上的弱点也是有根源的，在古代流行“女子无才便是德”，女人最重要的是能生育子女，家庭传宗接代的责任是她的第一责任，第二责任是侍候公婆丈夫、操持家务，做男人的贤内助。

但今非昔比，女人再不能躲在家庭中做大家闺秀了，也需要东奔西跑为赚钱而忙碌奔波。女人们要在社会上立足，要想跟男人真正的达到平等，就需要自立自强。而知识就是让女人自立自强的桥梁，没有了知识，女人就会把自身的弱点充分地表现出来，只有知识女性才能在这个社会与经济市场中脱颖而出。知识才是女人生活中永不落山的太阳，它对于女人的意义非同一般！

如果说人生是一首歌，那么一个女人的学识，就是这首歌中最鲜活生动的音符，一个人，特别是一个女人，有了这些生动的音符，其人生就会变得生动而鲜活。

有学识的女人或许不美，但她是可爱的，因为有知识、有才华才变得可爱，任何人见了她，都有相见恨晚的感觉。

民国时的才女作家张爱玲，她并不是美女，但是随着她的《倾城之恋》和《半生缘》横空出世，她那一部部冷艳苍凉的小说立即享誉文坛，她的传奇人生也为很多人迷恋。

民国时，知识分子是社会精英、精神贵族，像林徽因这样受过良好教育又才貌出众的女子，更是凤毛麟角。

林徽因是在东西方文化双重教育下长大的，中西文化融合造就了一个“才女林徽因”。林徽因的学识不仅体现于她读书多，还体现于她挥笔谱就了很多美丽的诗篇，更在于她有出神入化的演技与在建筑方面的造诣。但她又不完全是诗人，不完全是演员，不完全是建筑学家。才女林徽因不仅融入了以男性为主的京派知识分子群体，而且她与他们的交往，还形成了一道很靓丽的风景。

1924年春天，泰戈尔来华访问，为了迎接泰戈尔，北平的社会名媛排演了一出英文话剧《奇特拉》，在这部话剧中，林徽因饰演其中的女主角奇特拉，并大获成功。而陆小曼当时只是负责发售演出说明书。

林徽因如同一个灵动的精灵，不但冰清玉洁，还口齿伶俐，博学多才，浑身洋溢着知性女子的迷人魅力，使得很多人倾心。在人多的场合，比如“太太客厅”中，她更是如众星捧月，成为聚会的中心。

作家萧乾在《才女林徽因》一文中曾经这样回忆第一次见林徽因的情形：“我怯怯地随着沈从文先生，跨进了总布胡同那间有名的太太的客厅，那是我第一次见到林徽因，她说起话来，是非常有学识、有见地的。别说沈（从文）先生和我，就连梁思成和金岳霖也只能坐在沙发上做听众，他们吧嗒着烟斗，听到精彩的东西时，就会连连点头称赞。”

在林徽因面前，很多人只有点头称赞的份，梁思成和金岳霖这样的学者都如此，更别说寻常人了。所以，博学多识的女人，是让人仰视的。

世间女子有多种，有的女人长得美丽，有的女人内心充实。长得美丽的女人是花瓶，虽然外表漂亮，让人初看爱不释手，但看得时间长了，就有可能产生审美疲劳。

而内心充实、学识丰富的女人，就如同一本好书，一举手一投足间，自然有一份难得的高雅之气，这样的女人，如清纯隽永的文章，经得起岁月的磨砺，受得住时间的雕刻与研磨，永远会吸引人的眼球。

知识能改变女人的弱点，使女人变得儒雅大方，为获得更多的财富提供资本。

一个总是被化妆品和高级时装包裹的女人是美丽的，但不一定会显得可爱，因为她们的美本质上是一种艳俗。但一个被知识装备了的女人就不一样。她会变得格外通情达理，她会更加看重女人的独立和自我的价值，她会对世界多几分本质的了解……因而，她比一般的女人沉着、开朗，更多几分可爱的书卷气，她的美也显得更加动人和深刻。

任何一个女人都需要生命的成长，这种成长既表现在生理、心理的逐渐成熟，也体现在知识的丰富、才华的卓越上。从这个意义上说，女人拥有了知识，也就拥有了一种超越自我的手段，拥有了一把永远年轻、永远美丽的入门钥匙。

男女要平等，那生存能力是女人获得被男人尊重的基础，但生存能力不是与生俱有的，它还需要女人通过后天的学习和培养，而学习和培养的内容就是知识。知识不仅是能力得以萌生的基础，推动能力前行的动力，还是能力长盛不衰的保证。一个拥有了知识的女人也许不一定能赚取到大钱，但一个没有知识的女人却与财富基本无缘。

生命箴言

作为一个女人，你可能因长相靓丽，体态婀娜，在一段时间受人追捧。但如果你能博览群书，发奋学习，掌握丰富的知识，那么，你一生都会受人敬重，让人艳羡。

勤学习，不断提升自己的附加值

英国作家毛姆曾经说过："世界上没有丑女人，只有一些不懂得如何使自己看来美丽的女人。"现代女性早已经学会在繁忙和优雅中积极地生活，懂得如何学习，也懂得开发自身的潜能，从而使自己的女性魅力光芒四射。

作为一个女人，只有漂亮的脸蛋是远远不够的，女人必须学习，不断地在精神上有所进取。我们细细观察就会发现，凡是相貌平平或容貌较差的女性，往往更明白自身的缺陷，她们也就更懂得去发掘自己的个性美，更注重内在气质的培养和修炼。

秋华曾在一家国有企业任职，她们办公室有两女三男，另一个女孩长得很漂亮，也因此占尽了便宜。但要论能力，论业务，她样样不如秋华。可一遇到长工资、晋升职称、疗养的机会，却样样都是她的。

面对这些不公平，秋华没有说什么，只是暗暗地读书学习，报名参加了英语班、计算机班和舍宾训练，给自己"配置"和"升级"了许多优秀的软件，因为秋华很清楚自己的硬件不足，只有靠软件来补了。

两年后，秋华辞职来到一家合资企业，在那里秋华从一名职员开始做起，一直做到总经理助理。在一次谈判结束后，对方的老总邀请秋华共进午餐。后来，他成了秋华的先生，他说那天秋华在谈判中沉着冷静、不卑不亢的态度和优雅的举止、不凡的谈吐，深深地吸引了他。当时，他觉得秋华是最美的女人。

大学毕业后，苗静被分配在事业单位工作。因为长得漂亮，经常受到别人的关照，但苗静的性格好强，总想凭自己的真才实学干出点事来。于是，苗静又自学了计算机，并应聘到一家网络公司任职。

在那里，苗静感受到了前所未有的压力。为了减轻压力，她选择了学习。每天下班后，苗静便匆匆地吃口饭，或泡个方便面，就直奔各个学校参加学习班。周二、周五、周日学计算机，周一、周三、周六学高级英语口语。只用了三年的时间，苗静就拿到了硕士学位和计算机二级学历。苗静把学习的知识与工作有机地结合了起来，由于工作业绩突出，她被提拔为部门经理。

那天，几个朋友聚会，她们问苗静怎么变成了学习狂、工作狂？“其实，我不这样认为，我拼命学习是为了充实自己，拼命工作是为了过高质量的生活。更何况，我不想背个‘花瓶’的名分。当然，最重要的是我在学习和工作中学会了整套想问题的方法，它会帮你在思考问题时得出正确的结论”苗静如是说。后来，苗静带着这些方法跳槽到一家公司任副总经理。

同张宁结婚后，林夏与张宁共同开了一家小公司，渐渐地生意越做越大，利润越来越高，他们的公司也扩展为三个公司。这时，林夏怀孕了，生完孩子，林夏心安理得地做起了全职太太。

林夏过起了养尊处优的日子，不读书，不看报，不学习。慢慢地林夏变得不拘小节，身体也开始发胖了。丈夫曾几次说过她：“看你还像什么样子，哪像原来的那个精干优雅的小夏。”她反唇相讥：“怎么，我帮你打下天下，就看不上我了？我警告你可别干出喜新厌旧的事情。”

从此以后，丈夫回家的时间越来越晚，在家的日子也越来越少。一次，他醉醺醺地回来后倒床便睡，梦呓中他喊着小芸的名字。这时，林夏才意识到问题的严重性。林夏非常气愤地把丈夫捶醒，质问他小芸是谁？丈夫开始时，还心存愧疚地支唔着，后在林夏的河东狮吼下，丈夫终于发怒了：“你看看你哪里还像个知识女性的样子，简直是个泼妇，我为什么喊小芸，等你看到她就知道为什么了。”

自我反思之后，林夏决定复出。回到公司后，林夏发现自己什么也不会，什么也不懂了。难过了好久，她想还是应该去充电，林夏报了一个电脑班，一个财会班。刚开始学习时，觉得可真费劲，适应了一段时间，林夏进入了学习的状态。接着，她又报了一个美容班和体能训练班，林夏的时间安排得满满的。

渐渐的，林夏学会了穿合适的衣服，选择适宜的妆容和发型，注重仪态风情，展露睿智的内秀。林夏在公司里又可以像原来那样得心应手了。她发现丈夫也开始按时回家了，并经常拥抱自己一下，丈夫的眼神同原来也不一样了，充满了柔情，就像恋爱时的那种。

女人真的不能放弃学习。放弃了学习，也就等于放弃了自己。

知识就是力量。以上三位女性朋友的经历，又一次证明了这个道理。如果女性想为将来做好准备，就不能放弃学习。

用学习造就自己，用学习装扮自己，会比眼花缭乱的服饰和化妆更有深刻的美丽内涵。

大多数女性从学校毕业后进入社会就失去了上进心，这种人以后都不会再有什么进步的。反之，那些学生时代不起眼的女性在社会上往往恪尽本分，主动学习，从而取得长足进步，从而“大器晚成”。

所谓“大器晚成”的人必是那种保持自觉学习态度的人，他们勤奋地学习，踏实地进步，自身实力与日俱增。工作中的每天都有新情况、新挑战，你每天都要面对新事物，学习与生活同在，生活就是学习。

一份工作，许多人干一段时间就觉得没意思了，想换一份，而换工作是有条件的，现代社会的机会很多，你只要天天学习，就会天天有进步，才会天天有机会，你的生活也就会富有生机。

那么你应该用何种态度来应对你打算从事一生的工作呢？如果因为目前的工作进行得很顺利就感到很放心，每天优哉游哉的过安稳日子，那么目前的情形就不一定能维持很久了。而且，你也许离失败也不远了。“学习如逆水行舟，不进则退”就是这个道理。

与此相反，如果能将这份工作当作一生的事业而埋头苦干，不断进取，不断创造新的东西，“活到老学到老”，那么你的进步一定是无止境的。你就能日日以清新愉快的心情去做自己的工作。你不会觉得疲倦，当你有理想，而不至于失去它时，你的生活会是多姿多彩的，你的心情也会是轻松快乐的。

而且这种人对自己的工作有一股拿生命作赌注的热忱，成大事的女性把自己的使命刻在心里，为了完成使命，甚至愿意舍命去完成。当然，这里所谓的舍命并非字面意义上的舍弃生命，而是指让自己强而有力的去努力工作，让生命发挥最大意义上的作用。只有不断地为自己“充电”，这种生命力才会更加强大，你的“能量”才会不断得到补充，才能让生命更有意义，让生活更加美好，最终达到成功的人生。

生命箴言

学习与生活同在，生活就是学习。只要天天学习，就会天天有进步，才会天天有机会，生活也就会富有生机。只有不放松自己，不断进取的人，才有资格与人比高下，最终实现成功的梦想。

爱读书，畅游书海，开阔眼界

唐太宗曰：“以史为镜，可以鉴兴衰”。同样，女人以书为镜，可以省内心。只有读万卷书，女人才能变得大气；只有读万卷书，女人才能使自己的心灵得以净化。

当代许多成功女性在回顾自己的成长道路时，常常将人生一些最真诚、最辉煌的瞬间与一本或几本好书联结在一起。一本好书能够给予一个人最初的人生启蒙甚至终生的影响，这是多么的神奇！

读书，是一种心灵的活动。读书不仅使女人更有内涵，谈吐更文雅，而且，可以在不经意间给人一种气度不凡的感觉。

只有读万卷书，才能每临大事有静气，成就别人无法企及的大业。有一句话说得好：“能闲世人所闲人，方能忙世人所忙事。”这里所谓的闲事，就是读书。

英国著名浪漫主义诗人雪莱非常爱读书，书本上源源不断地流向他脑海里的新知识，使他看上去永远是那么朝气蓬勃、热情奔放。据说，他总是在不停地看书，连吃饭时饭桌上也摊着一本书，他常会忘了喝茶或吃烤面包，却不会忘记读书。他会让面前的烤羊腿、马铃薯冷掉，可对书本的热情却丝毫不会冷却。他外出散步时也总是手不释卷，要是独自出门，他便自言自语地吟诵；要是与友人同行，他就大声朗读，谈到动情处，同行的朋友无不动容。他的一生虽然短暂，却放射出了最炫目的光芒，《西风颂》、《云》、《致云雀》等抒情诗堪称是文学史上的不朽之作。

在英国，这样的“书虫”数不胜数。曾一度登上英格兰王位的简•格蕾女士，在年轻时，有一天坐在家中窗下沉迷地读着柏拉图对苏格拉底之死的美丽描述。她的父母亲都在花园里狩猎，猎狗的狂吠之声从开着的窗子里清晰地传进去。一位来访者十分惊异：简•格蕾女士竟然不参加他们的游戏！她却平静地说：“我认为，他们在花园里的快乐不过是我在柏拉图那里所获得的快乐的影子罢了。”

在人生的道路上，由于偶然的机遇或出于必然的选择，人们踏上了不同的人生旅程。有时，一本书能够影响到一个人的整个人生。

法国当代著名作家和戏剧家弗朗索瓦•萨冈，曾满怀感激之情地回顾加缪的《反抗的人》一书对她的影响。在14岁时，萨冈亲眼目睹了一个与自己年龄相仿的小女孩的夭亡，她无法原谅上帝竟允许这件事的发生，因而不再信仰上帝，陷入可怕的精神危机之中。恰在这时，她读到加缪的《反抗的人》，由此发现了一个新的精神世界：尽管没有上帝了，但是还有“人”，你不用信仰上帝，却必须信仰你自己，相信人类的天性，相信人类能够主宰自己的命运。她热切地走进这个崭新的精神世界，重新建立起自己的信仰。她由此意识到文学的神圣意义与崇高使命，并在日后坚定地选择了文学创作之路，决心以此帮助那些在人生之旅中迷路、焦虑的人们，帮助他们飞越精神的荒原与樊篱。

古今中外这样的故事还有很多。人类社会中的诸多杰出人物往往以寻求真知为己任，常常沉迷于书海中乐而忘返。

你还可以从文学的镜子里重新认识你自己。文学的核心是人学，是对人和人性的悉心认识和真切体认。而自人类顿悟自己存在的那一天起，“我是谁”便一直是困惑人类自身的斯芬克斯之谜。数千年前，希腊人为此把“认识你自己”作为神谕，镌刻在庄严、神秘的德尔裴阿波罗神庙的墙上。古今中外文学家们的皇皇巨著，都可以视作对于这一问题的苦心孤诣的思索与描述。图腾文学（包括古代神话、传说等）、古典主义文学、启蒙主义文学、浪漫主义文学、批判现实主义文学、现代派文学乃至后现代文学，都是随着人们人学观的渐进认识而渐次发生的。英国著名小说家劳伦斯认为，人是一个既有理智的头脑又有人的本能欲念的思想探险家，人类“从古到今没有停止过思想，最早他的思想体现在木制或石制的小偶像里，后来又体现在方尖碑的象形文字里、黏土卷轴和纸莎草纸上。现在，他在书本里思想，在封底和封面之间。”人总是在不间断地思考、探索，而书籍这种思想成果形式则会有助于人类战胜命运，并在战胜命运的同时更深刻地认识自身。

诚如人类对自身的探索永远没有穷尽，文学对于人性的思索与探求也就永远不可能终止。一个人，他（她）所能体会到的自由的程度和对幸福的理解的深度，与他（她）对于人性认识的广度与深度是成正比的。以此为出发点，他（她）就会塑造出更有精神境界的成功观。

美丽的女性，当你每天拿起梳妆镜，端视自己的容貌时，何不拿起书本这面镜子，也对自己的心灵进行一次洗礼？广泛阅读色彩斑斓的文学画卷，无疑是体察人性、认识自身、追求辉煌的一条捷径。

喜欢读书，就等于把生活中平常的时光转换成了巨大享受的时刻。读书，可以增长见识，陶冶性情，使人的情感更细腻，举止更优雅，气质更深沉。淡泊以明志，宁静以致远，非读书是不能达到的。读书为女人带来了最美妙的时光，当她沉浸于文学世界中时几乎可以称得上是世界上最幸福的人。

“书卷多情似故人，晨昏忧乐每相亲”，读书能让求知的人从中有所得，让无知的人变得有知。“书犹药也，善读可以医愚”，可以让人发现自己身上的不足之处，使你不断地改正错误，摆正自己前进的方向并不断成长。让我们做一个喜欢阅读的知性女人，让我们的内心在书海中变得睿智，像磁石一样，深深地吸引身边的人。

生命箴言

Live proverbs

书是人类最好的朋友，是人类智能的来源；读书不仅使女人睿智，而且可以塑造优雅人生。一个美女，如果能越过美貌这道栏杆，又懂得最大限度地利用美貌，并勤奋努力地读书，那么，命运回报她的，不是红颜易老，而是恒久的气质。

敢突破，超越自我，不断成长

冲浪者的感觉，即使我们没有亲自感受过，也在电视中看到过。那种壮烈的场面——勇敢的女人和男人们，从渊底破浪而出，与水花起弹跳、飞越，演绎着一个个梦境中的自我。是什么意识让这些好样的女人，敢于在惊涛骇浪中穿梭，在横山立水中劈波留影？答案只有一个：超越自我。

冲浪是对于超越者的能力一次全面的考评。在风口浪尖上，每一个细小的瞬间都是决定生命色彩的关键。

把握在水翻浪涌中生存与表演的最佳时机，知道风浪过大或者不宜通过时，应该绕行，应该放弃，但并不是真正放弃。冲浪者的知险而上，是在征服了小的风浪后，才开始向更大的风浪前进，进一步挑战、超越自己，这同样可以落实到生活中。就像我们在奋斗过程中，各方面都要不断提高。为了那更大的风浪，我们需要智慧，我们需要时间、机遇，选择是钻入谷底还是展翼浪尖。

女人进入了职场，就进入了冲浪的镜头，进入了自我挑战的天地。这时，唯一可以做的，就是要勇于接受挑战，并且要坚信自己肯定会有所收获。

有一位年轻女孩，在一家公司找到了一份工作，半年后，她很想了解公司总裁对自己的评价，虽然她觉得事务繁忙的总裁可能不会理睬，但这位年轻女孩还是决定给总裁写一封信。她在信中向总裁问了几个问题，最后一个她认为最重要的问题是：

“我能否在更重要的位置上干更重要的工作？”

没想到总裁回信了，他没有回答这位年轻女孩的其他问题，只对她最后的问题作了批示：“刚好公司决定建一个新厂，你去负责监督新厂的机器安装吧。但你要有不升迁也不加薪的准备。”随同那封回信，还有总裁给她的一张施工图纸。

年轻女孩没有经过任何这方面工作的训练，却要在短时间内完成任务，在一般人看来，这是非常困难的。年轻女孩也深知这一点，但她更清楚，这是一个难得的机遇，如果自己因为困难而退缩，那么可能永远也不会有幸运垂青于她。于是她废寝忘食地研究图纸，向有关人员虚心请教，并和他们一起进行分析研究。最后，工作得以顺利开展，并且提前完成了总裁交给她的任务。

当这位年轻女孩准备向总裁汇报这项工作的进展时，意外的是，她没有见到总裁。一位工作人员交给她一封信，总裁在信中说：“当你看到这封信时，也是我祝贺你升任新厂总经理的时候。同时，你的年薪比原来提高10倍。据我所知你是不能看懂这图纸的，但是我想看看你会怎样处理，是临阵退缩还是迎难而上。结果我发现，你不仅具有快速接受新知识的能力，还有出色的领导才能。当你在信中向我要求更重要的职位和更高的薪水时，我便发现你与众不同，这点颇令我欣赏。对于一般人来说，可能想都不会想这样的事，或者只是想想，但没有勇气去做，而你做了。新工厂建成了，我想物色一个总经理，我相信，你是最好的人选，祝你好运。”

生活中确实有许多的“不可能”驻扎在我们心头，它无时无刻不在侵蚀着我们的意志和理想，许多本来能被我们把握的机遇也便在这“不可能”中悄然逝去。其实，这些“不可能”大多是人们的一种想象，只要能拿出向前冲的勇气主动出击，那些“不可能”就会变成“可能”。我们很多时候之所以不能成功，缺乏的不是才能和机遇，而是缺乏那种向前走的勇气。

有些女人，在一个单位呆久了，就容易陶醉其中，容易满足。再者，因为女人的性别关系，要有很多时间分配给家庭，照顾老人和孩子，所以，很多女人总是拘泥于一个稳定的工作，有稳定的收入，于是就不求上进，没有进取心。

其实，聪明的女人是不会安于现状，守着自己的小格子的，而是要出去占领更多的地盘。聪明的女人一旦有好的机会，有更好的发展空间，就会不顾一切，勇于冒风险，勇于拼搏，打造一片属于自己的更广阔的天空。

在职场上，你可以选择维持“勉强说得过去”的工作状态，也可以选择卓越的工作状态，这取决于你内心是否有进取心。满足现状意味着退步，一个女人如果从来不为更高的目标作准备的话，那么她永远都不会超越自己，永远只能停留在自己原来的水平上，甚至会倒退。

在生活中，最悲惨的事情莫过于看到这样的情形：一些雄心勃勃的女人满怀希望地开始她们的“职业旅程”，却在半路上停了下来，满足于现有的工作状态，然后漫无目的地游荡着人生。由于缺乏足够的进取心，她们在工作中没有付出100%的努力，也就很难有任何更好、更具建设性的想法或行动，最终只能做一个拿着中等薪水的普通职员。如果她们的薪水本来就不多，当她们放弃了追求“更好”的愿望时，工作会干得更差。只有不安于现状、追求完美、精益求精的女人，才会成为工作中的赢家。

因此，不管你在什么行业，不管你有什么样的技能，也不管你目前的薪水有多丰厚、职位有多高，你仍然应该告诉自己：“要做进取者，我的位置应在更高处。”值得注意的是，这里的“位置”是指对自己的工作表现的评价和定位，而不仅限于职位或地位。

许多成功人士都指出，很多人的资质都比他们高，而那些人之所以没有在事业上取得辉煌的成就，就是因为他们缺乏足够的进取心。相反，杰出人物从不满足现有的位置，随着不断的进步，他们的标准会越定越高；随着眼界的开阔，他们的进取心会逐渐增长。对于比尔·盖茨来说，如果说他仅仅希望开一个小公司赚点钱，那么他在20岁时就已经实现了这个目标；如果说成为世界上最有钱的人是他的最高理想的话，早在32岁的时候他就已经实现了这一目标。如果他没有不断超越自我的志向，他在年轻的时候就可以醉心于自己已取得的成就而举步不前了。

俗话说得好，“不想当将军的士兵不是好士兵。”作为一名现代女性，相信每个人都会在心目中勾勒未来事业的美景，问题的关键就在于是否能真正地付诸实践。虽然敬业是员工必须具备的素质，但是我们应该注重工作带来的满足感及发展潜力。

比如从工作中，可以学到有关沟通、决策、处理事物等方面的能力。也许在当下我们对此的感觉还不是很明显，但随着时间的推延，这种优势会越发明显地表现出来，这也就是工作经验的积累给你带来的“无形财富”。同时，这也为你将来的发展做了一定的铺垫。因为你可以借助对行业及社会的了解，确定今后的发展方向。如果条件允许，最好列举出相关的步骤及问题，尽可能做到心中有数。待时机成熟时，寻求更好的出路和发展。

随着时代的发展，我们每个人都不能安于现状，否则就要被瞬息万变的社会所抛弃。职场女性，应时刻准备着，不断充实自己，让自己飞得更高、更远。

生命箴言

冲浪的姿态是一种进取的姿态：向前想、向前进、向前闯和向前冲。作为女性，在工作中要向前想、问前进、向前冲，她的一生应该总是保持勇往直前的态势。

有实力，实力就是吸引力

女人也许可以没有容貌，但是，却不可以没有实力。从长久的角度而言，实力才是维持一个人最长久的优质生活的最得力保证。世界上有很多女人也许不是最漂亮的，却因为实力实现了自己生存状态的优质转型。

被人们称为雅诗兰黛的女人，年轻的时候并没有人说她漂亮，但是，到老年却以优雅闻名于世。与她同时代的美人，早一个个像玛丽莲•梦露一样香消玉殒，而她却依然是时尚界的常青藤。因为，实力就是吸引力。许多女人不明白这个道理，她们把太多的时间和眼泪花在不值得费工夫的事情上了。她们总是怨恨命运，纠缠于男人为什么变心，却从来不认真想一想如果自己是一个实力派女人，结果会怎么样呢？

在最新公布的英国富豪排行榜，有一位60岁的名叫安妮•罗宾森的老女人特别引人注目，她是英国版《一笔勾销》的节目主持人。连个人资产在3000万英镑的凯瑟琳•泽塔•琼斯，都不得不排在她身后。安妮•罗宾森在节目中，永远是一袭黑衣加冷硬的面孔，对参赛者极尽刻薄挖苦冷嘲热讽之能事，她的风格让所有参赛者都闻之丧胆，人送江湖绰号“恶魔”。然而就是这么一个女魔头，却被认为是最有魅力的女人——谁能否认她的魅力呢？除非是这个人自愿被人认为缺乏品位。

女人因实力而美丽，因实力而快乐，在我们这个时代，容貌和年龄已经不再是评判女人是否有魅力和吸引力的唯一标准。我们可以活到很老很老，但依然很有很有魅力，我们可以接受皱纹，但必须每一根皱纹都与魅力有关。

一位事业有成的女性曾经说，以前我想过，我的40岁会是什么样的呢？人老珠黄，无人可嫁，而且还是个单身妈妈！难道不是地狱吗？可事实并非如此，与我约会的都是22岁至39岁的小伙子，有时我会忍不住问他们中的一些人说：我都够当你妈了。你猜他们怎么说：但你一点也不像。这段话是莎朗•斯通说的，她出名主要有两个方面的原因，一个方面是她演的电影；第二个方面是她的性格。

因为莎朗•斯通是莎朗•斯通，所以即使年逾花甲，也依然光彩夺目。这就像麦当娜是麦当娜，不是随便谁穿过的礼服都可以拍卖出13800美金的好价格，但麦当娜的就可以。

也许很多人都会说：“稍微优秀一点的女人，他们就不敢要。”但是，你看哪个优秀的女人，身边不是人头攒动？中国男人连王菲这么优秀的女人都敢要，怎么可能“稍微优秀一点”的女人倒不敢要了？

男人也不是傻子，有实力的女人，不是不敢要，而是她们太优秀，更容易让优秀的男人追捧而抬高对对方的要求。如果她们肯将自己的条件放松一点，早就被一抢而空了。所以有了嫁不出去的假象，因为不结婚还有希望，将来还能等到更好的人，如果随意嫁掉，那就太对不起这么长时间的空等了。

女人的青春和美貌是短暂的，但是，难道说一个女人就只有靠着脸蛋吃饭才能生存下去吗？其实女人，尤其是一个美女，她最重要的财富并不完全是她的年龄，而是她的实力。所谓的红颜薄命，实际上是一些美丽女子对于生命的一场误解，她们以为男人之所以爱自己，无非是因为爱自己的容貌，而实际上，当一个女人这样想的时候，她不仅贬低了自己，也贬低了男人，所以会红颜薄命。

当一个女人把某个男人的宠爱当作自己生活的全部，她是很难真正快乐起来的。因为，她总以为自己之所以比其他的人生活好，是由于她年轻貌美，一旦岁月流逝，失去这一得天独厚的资源，她就会失去一切。但我们可以试想一下，一个美貌的女人，本身既没有资历又没有修养，就像一本老得过时、毫无挖掘价值的书一样，即使装帧得精美绝伦，她能带给和她共度一生的那个人什么呢？这样的女人有谁会真的爱她呢？

古代一位失宠于皇上的美人把自己比作一把扇子，说夏天的时候，皇上天天把自己攥在手心里，秋天了，就把自己扔在一边了。其实，如果一个女人把自己的命运比喻为一把漂亮的扇子，有几把扇子能让一个男人拿在手中一辈子呢？况且，美丽的扇子不只你一把，除非这把扇子价值连城。但是，如果是价值连城，又有谁会在乎它的残破与否？因为，她是不可替代的，有实力的，岁月匆匆，她的价值只会与日俱增。

生命箴言

女人的美丽与否，与她长相如何，芳龄几何并没有太大的关系，只要你是一个真正的有实力的女人，就不会没有吸引力。

多表现，全面体现自我价值

在现实生活中，不是所有你做的，别人都看得见；不是所有的努力都能得到他人的认可。所以，要想成为一位成功的女性，就必须懂得展示自己，宣传自己。

因为传统文化的影响，很多女性在职场中相较于男性多表现得比较含蓄和克制，许多时候是甘愿默默勤勉地去做自己不感兴趣的工作，也不愿积极向上司展示自己的才华，争取学有所用的位置，而是寄希望于上司能看到自己的勤奋和能力，坐等伯乐的出现。

一名青年从名牌大学毕业后，放弃了本可以进入国家机关的工作机会，选择了一家国内知名的企业去工作。她认为民企办事效率高，没有那么多的条条框框，更容易施展自己的才华。

几年过去了，她一直很努力地工作，但是她并没有多大发展，于是有些心灰意冷，准备离开，走前她去向一直对她还不错的副总告别。

她对副总提出了一些工作建议和一些必须要做的机制改革等。这位副总听了她的意见之后大惊："这些正是公司的问题，既然你早就发现了，为什么你一直都没有说呢？你看到了公司的种种漏洞，为何不上报并拿出具体的改革措施？你现在走等于承认自己没有发展的本事，并不能证明你确实有才华，是公司没有发现你。不如把你的改革方案拿出来，看看老总会不会执行，如果他不肯采纳你的建议，你再走不迟。”

这个女人接受了副总的挽留，她想反正几年都待了，也不差这么几天，就决定再干一个月。于是她在这一个月内出了六十多页的材料，不但分析了公司的行政管理、销售管理，就连公司的组织结构也分析得很透彻，并且拿出了改革的具体实施方案。她在报告里用了一些尖锐的语言，一针见血地分析了公司出现的种种问题。

以后的一周里，她一直过得很平静，因为她终于按自己的设想规划了公司的发展。又是一周过去了，她以为自己真的没有必要再留下去了。就在这时，老总亲自打来电话，约她面谈。

老板非常感激她能提出一套改革方案，并设身处地地为公司着想，也很后悔这几年没有发现她这个大人才，于是任命她为公司执行副总，让她按照报告来实施改革方案。最后还没忘记告诫她：你更需要表现出勇气！

机会是要去争取的，若想脱颖而出，女人除了努力工作外，还必须懂得展示自己的能力，才能主动给自己创造机会。

有个才女，不但琴棋书画无所不通，口才与文采也是无人可与之比肩。大学毕业后，在学校的极力推荐下去了一家小有名气的杂志社工作。谁知就是这样的一个让学校都引以为自豪的人物，在杂志社工作不到半年就被炒了鱿鱼。

原来，在这个人才济济的杂志社内，每周都要召开一次例会，讨论下一期杂志的选题与内容。每次开会很多人都争先恐后地表达自己的观点和想法，只有她总是悄无声息地坐在那里一言不发。她原本有很多好的想法和创意，但是她有些顾虑，一是怕自己刚刚到这里便“妄开言论”，被人认为是张扬，是锋芒毕露；二是怕自己的思路不合主编的口味，被人看作幼稚。就这样，在沉默中她度过了一次又一次激烈的争辩会。有一天，她突然发现，这里的人们都在力陈自己的观点，似乎已经把她遗忘在那里了。于是她开始考虑要扭转这种局面。但这一切为时已晚，没有人再愿意听她的声音了，在所有人的心中，她已经根深蒂固地成了一个没有实力的花瓶人物。最后，她终于因自己的过分沉默而失去了这份工作。

在惯性的思想深处，我们一向以“谦逊”为美德，不习惯大大方方、直接地“宣扬”自己，同时也对他人的“争强好胜之心”存有非议。所以，自己明明在工作上作出了贡献，也不敢表达，害怕同事批评自己喜欢表功。虽说适当的谦逊是好的，但是过分谦逊，吃亏的就只有自己了。

其实，人生是一个发展的过程，它包含着两个相互联系、相互渗透的方面，一个是建构自己，它是指人对自身的设计、塑造和培养；另一个是表现自己，也就是把人的自我价值显现化，获得社会的实现和他人的承认。要明白，表现自我绝对称不上是什么错。这世上如果没有了“表现”，恐怕也就没有天才和蠢才的区分了。因此，我们不必因“谦逊”而拒绝“表现”，两者不是矛盾的。

青云所在的公关部原定只有七人，注定有一人被裁，加上部门经理的位置一直空缺，便导致了内部斗争日益升级，甚至发展到有人挖空心思抢夺别人的客户。

青云不喜欢这样的氛围，她只知道老老实实做事。她始终默默无闻，是出了名的逆来顺受的人，被认为是应该裁掉的最佳人选。尽管论学历，论工作态度，论能力和口碑都不错，但她一直没有好好地在老总面前表现自己，老总也一直以为她没有什么能耐。

接到人事部提前一个月下达的辞退通知之后，青云好像当头挨了一记闷棍，她半天也没回过神来。她怎么也没想到，自己两年多的努力不仅没有得到承认与尊重，反而得到被裁的待遇，她实在有点不甘心。

一天，一个和公司即将签约的大客户提出要到公司来视察后再签约，一旦和这家大客户签下了长期供货合同，全公司至少半年内都会衣食无忧。这家客户是一家大型合资企业，同来参观的人中有几个是日本人，并且还是这次签约的决策人物，这是公司没有想到的。

见面时，因双方语言沟通困难，场面显得有些尴尬。就在公司老总感到为难之际，青云不失时机地用熟练的日语同日本客人交谈起来，给老总救了场。青云陪同客人参观，相谈甚欢，她凭借自己良好的表达能力和沟通能力，以及丰富的谈判技巧和对业务的深入了解，终于顺利地签下了大单。

青云随机应变的表现能力以及熟练的日语会话能力，让老总对她大加赞赏，她在老总心目中的分量也悄悄发生了变化。一个月后，青云不仅没有被辞退，还升职成了公关部经理。

一位在外企只工作了四年就做到公司高级副总裁的女性，有人问她怎样才能在一个公司飞速攀升。她说："当然要凭能力，不过，这个能力不是通常意义上的'真才实学'，而是指表现能力的能力。"的确，即使你有治国安邦的能力，如果不表现出来让人注意，那么谁知道呢？

生命箴言

life proverbs

我们常说沉默是金，但也不要忘了，沉默同时也是埋没天才的沙土。再好的酒也怕巷子深。作为女人，如果想在现代社会谋得一席之地，除了自己努力之外，还要把握机会适时展现自己的优点。

第四章

亲和力：

先悦人，方能悦己

女人如花，花有知音，花开有百媚千红，
女人有风情万种，如花待放，花开优雅，花谢留香。
世上女人宛如花，幽幽花语藏心间，
花若盛开，清风自来。
美丽的女人花，身处喧嚣尘世，心在云水之间，
无论在何处，都默默吐露着自己的芬芳，
许一片明媚于心中，努力开放成自己喜欢的样子。
美丽的女人花，心有琴弦，雅意一生，
绽放着自己，美丽着世界。

好气质，仪态大方，优雅风度

现实生活中，有许多女性只注意化妆及穿着打扮，并不怎么在意自己的气质是否合乎美的标准。诚然，靓丽的容貌、入时的服装、精心的打扮，确实能给人以美的享受，令人精神愉快。这种外表的美总是最初的、静态的、肤浅的，并没有什么生命力。一个人的容貌形体，外部装饰所表现出的美在整个人体美中只能占一小部分，而气质给人的美感不受年龄、服饰和打扮的制约。有许多女性并不是美人，但往往她们身上却洋溢着令人瞩目的气质美。科学工作者的认真、执着；教师的博学、聪慧、安详；作家诗人的洒脱、敏锐；企业家的精明、干练，个体劳动者的顽强、自信；学生的好学上进、朝气蓬勃……这才是真正的美，和谐统一的美。

在生活中，我们常常可以看到有的女人貌不惊人，语不压众，并不引人注意。但稍一接触就如沐清风，和煦迷人，悄然地流溢出品质如兰的缕缕幽香。这就是气质的魅力！

气质是指人相对稳定的个性特点、风格以及气度的心理特点的结合。它总是和一个人的情绪和活动的反映、强度、速度与表现的趋向相联系的。性格开朗、高雅大方，能显示出聪慧的气质；文质彬彬、温文尔雅，能显露出高洁的气质；性格直爽、坚毅果断，能显露出刚强的气质；性格温柔、秀丽端庄，则表现为恬静、稳重大方的气质。女性真正的魅力就主要表现在她特有的气质上。

漂亮会随着时光的流逝渐渐飘远，是转瞬即逝的；而气质则会随着生活的历练与修养的滋润而永远散发着崭新的气息，是会永恒的。

就如居里夫人说的：17 岁时，你不漂亮，你可以怪罪于你的母亲，她没有遗传给你好的容貌；但是，30 岁了你依然不漂亮，你就只能责怪你自己了，因为在那么漫长的日子里，你没有往你的生命里注入新的东西。

姣好的容貌远远没有气质有吸引力，而气质是知识与修养的结合，不由自主地散发出的魅力。一个没修养的美女，大家都称之为花瓶；而一个满腹经纶的女子，即便她很丑，她的人格魅力也会令许多人折服。生活中，比美丽的容貌重要的东西还有很多很多。奉劝美貌的女子，镜子并不是你的出门通行证，男人也不是你生活的唯一体验，真正的美丽是在漫长的岁月里不断修炼出来的。

开阔的胸怀、绝顶的聪明、出众的才华、丰富的阅历、岁月的磨砺，这样一股内在的精神画卷，才是一种从容、宁静、谐和之气，一种不怕红颜褪尽，可以穿越岁月磨蚀的圣洁之美。

修炼过后的美丽，是怎样的？这种美丽如林徽因，她有着美丽的容貌，优雅的气质，过人的胆识，超群的智慧。她是学者，是诗人，是作家；她可以跟着丈夫到穷乡僻壤像其他男士一样爬梁上柱进行精确的测绘；可以和徐志摩一起用英语讨论英国古典小说和中国新诗；可以和金岳霖作哲学的思辨和理论，她是一个会令所有女人都汗颜的女人。她死去数十年后，我们还记得在那暗淡的时代背景下，她清俊的面容和恬淡、坚定而深远的眼神。

都说女人的美丽常常是需要其他东西来点缀的，就像大街上时尚女孩子各式各样的手机饰物。晶莹的珠宝、亮丽的衣服、娇媚的笑容都可以把一个女子装点得楚楚动人。殊不知，这世界上最能使一个女子越过年龄的羁绊而呈现出一种大方、典雅、谐和之美的，却是她的气质。一种内在精神修养充溢于外表的柔和之光。这东西可不是美容师用高科技能做出来的，她依赖于岁月磨砺中的修炼，体现出女人优雅的一面。

女人优雅是一种内在气质，优雅是一种风度，也是一个人独特的风格，更是一种对待生活的态度。它是不经意间一种淡定的沉思，蓦然间一个善意的眼神，回首时一脸浅浅的笑容。

女人的优雅是一种由内而外散发的迷人味道，举手投足间显露着成熟女人曼妙的气息。优雅不是先天的，它是游离于人体表面的一种气息。一个优雅的女人，心静如水，弹指间尽是芳华，这是岁月的磨砺孕育出的由内及外的气质。优雅的女人有一点含蓄，安静得如同处子，回环往复的是一颗优雅的心。

优雅是一种感觉，这感觉更多地来源于丰富的内心、智慧、博爱，还有理性与感性的完美结合。优雅由生活的态度所决定。优雅是装不出来的，华丽的外表也许不会出卖你，但是言谈举止及思想能决定你是否属于优雅一类。

《花样年华》中的张曼玉，有一点妩媚，一点娇羞，她着一身曼妙的旗袍，迈着轻盈的步伐，在巷口留一串修长的背影，昏黄街灯下一张透彻迷人的脸，这样的场景无数次在重复，重复一种轮回，这仿佛是一种无尽的优雅，那故事又仿佛没有结局。

优雅的种类很多，比如举止的优雅、谈吐的优雅、服饰的优雅，还包括生活艺术等其他方面。当然，一个真正优雅的女人在许多方面都是优雅的。一个女人如果说话像泼妇一样，或者走路漫不经心，那么再精心设计的服装也会失去效果。

优雅是一种和谐，它非常类似于美丽，只不过美丽是上天的恩赐，而优雅则是艺术的产物。优雅从文化的陶冶中产生，也在文化的陶冶中发展。这种优雅，可以成为女人成功的砝码，使人举止落落大方；后者形之于别致之美，使人风格独具。

优雅别致的女人像一幅难以描摹的画，它是一种独特的气质和风度。一个女人可以有华服装扮的魅力，可以有姿容美丽的魅力，也可以有仪态万方的魅力，但却不一定有优雅的风度。具有优雅风度的女人，绝对是最出色的女人。

优雅别致不是矫揉造作，更不是炫耀自己的展品，它是一种自然的流露，它是魅力在不经意间被外化的形态。端庄的举止，款款的信步。女人可以没有绝世之美，但这样的女人极具迷人的持久魅力。举手投足间的自信，情调别致的装束，早已为她写下了这样的词句：你是一个优雅别致的女人。

优雅的女人，可以没有惊艳的容貌，但不能没有清新淡雅的妆容；可以没有模特的形体，但不能没有匀称的身材；可以没有优越家境的熏陶，但绝对不能没有闲适恬淡的处世态度，不能没有忍耐、理解和宽容。

生命箴言

Live proverbs

世上最能倾倒众生的不是女人青春的美丽，而是如清风明月一样的飘逸、如清水芙蓉一样优雅的风度，这样的女人最有吸引力。她们优雅的风度像无形的精灵，悄悄潜入人们的心灵，即使她在不起眼的地方悄无声息地站立，人们也还会感受到她的一个眼神、一句话语、一个动作、一抹微笑散发出的优雅万分。

好修养，让女人的美可持续发展

某大型公司招聘总经理助理，待遇优厚，很多女孩前来面试。她们都认真地准备了简历，并且画着漂亮的妆，穿上了自己最时髦的衣服。于是，一个个靓丽的美女出现在了应聘处。然而，这么多人面试，录取名额却只有一个。大家一边默默地祝福自己能够入选，一边想象着这么大的公司，能被总经理看上的助理一定是最美丽的女子。可是，当面试结果出来的时候，她们却大跌眼镜。一个叫盛雪的女孩被采用了，可她既没有美丽的外表，也没有时髦的打扮，她是那么的普通……很多人都觉得自己比她强得多，对于自己被淘汰耿耿于怀，然而，总经理的一席话却让她们心服口服。

“感谢大家来参加此次招聘，从大家一进门，我就已经注意到各位的行为了，你们当中只有盛雪把走廊里倒在地上的扫把扶了起来，而且，她进入公司之后一直姿态优雅，举手投足都大方得体，而不是等到开始面试时才走着端正的步子。再者，她的简历上填的更多的是她参加过的爱心公益活动，而不只是获过多少奖项。如此一个有爱心、细心，又不夸夸其谈的女孩，正是总经理助理的最佳人选。”

在这么多人中脱颖而出，盛雪所依靠的并不是美丽的面容，而是她的修养。虽然漂亮的外表可以获得别人的羡慕，但是能让人从内心产生敬意的还是修养。良好的修养不仅是女人获得良好人缘的前提，也是女人在职场中获得成功的催化剂。

修养可以使人变得清澈、宽容，它就像水一样，也许你不口渴的时候，感觉不到有多需要它，可一旦需要了，才体会到它的重要性。同样，对于提升女人的气质，修养也起着必不可少的作用，缺少了它，女人即使有漂亮的容貌，也未必能够获得自己想要的结果。

拥有良好修养的女人就如同涓涓小溪细细流淌着，用纯净简单的心态去对待万物、包容万物。面对纠纷和矛盾的时候，有修养的女人都会展现出宽容的一面，用广博的心胸默默包容，化干戈为玉帛，从而将品质的光辉转化为影响力和凝聚力。就是这样，有修养的女人在职场和生活中都能令自己处于不败之地。身为女人，用良好的修养作为自己的底色，无论身处温室还是僻壤，都会游刃有余地面对一切，尽显生命之华彩。

一个阳光明媚的午后，两个少妇带着各自的孩子在小区里玩耍。调皮是小孩子的天性，两个小家伙东摸摸、西碰碰，对什么都是那样的好奇。

“不许摘花！”一声呵斥吓得两个孩子哇哇大哭起来，原来两个母亲只顾着聊天，注意力离开了孩子，而两个小家伙看着花园中的鲜花开得正艳，就一朵接着一朵采摘了下来。呵斥声正是看花老人吼出来的。看花老人本来是想阻止孩子继续摘花，没想到由于嗓门太大吓到了孩子，一脸愧疚地向孩子的母亲道歉。

看到受惊吓的孩子哇哇大哭，当妈妈的心里自然心疼，但是两个妈妈的做法却大相径庭。一个妈妈一边安慰孩子，一边向看花人连声道歉，承认孩子摘花是自己的过错。另一个妈妈却抱起孩子就对看花老人破口大骂，恶语相加。这时候很多人都看不过去了，纷纷指责对老人破口大骂的少妇：“看花老人是尽他的职责，虽然方式欠妥，可是老人已经道歉了，你怎么还能去骂老人呢？”

听到周围人的议论，那个女人抱着孩子悻悻地离开了。

女人的修养就是从点滴小事中显露出来的。故事中得理不饶人的少妇外表虽然美丽，但是行为的粗鲁已经让她的美大打折扣，令人望而生畏。而另外一个肯于承认自己错误的少妇，其善待他人的做法体现出对别人的尊重，其实尊重别人也就是尊重自己，有修养的女人总会像花朵一样芳香四溢。

有修养的女人，拥有广阔的胸怀和博爱的内心。修养就如同山间那欢乐的百灵鸟，因为清脆地鸣叫，寂寥的山谷才回荡起美妙的声音；拥有修养的人就像山坡中朵朵盛开的杜鹃花，因为美丽的点缀，绿草成茵的山坡才充满绚丽的色彩。

女人需要修养，因为修养不但能够彰显出女人的本性，还能将女人身上的闪光点淋漓尽致地展现出来。有修养的女人懂得生活，明白未来的道路在哪里，该怎样走。这样的女人可以用良好的修养铲平人生旅途上的荆棘，垫平生活道路上的坑洼，向着幸福的曙光大步前行。

当今时代的女性美已经不再是单纯的外表美丽与衣着华丽。现代社会遵循男女平等的准则，女人不再是男权社会下的附庸，不再如同花瓶一样只是一种增加美感的饰品。饰品需要的只是漂亮好看，现代社会追求人文素质，女人不应该再是干巴巴的饰品，只能靠全力修饰外在来提升自己。外在的修饰固然重要，但早已经不是女人的全部，如今很多事情都讲求“可持续发展”，女人的美也需要一种可持续发展的潜力。

让女人的美能够可持续发展，需要的就是内在的修养和品质，它们缺一不可，而支撑女人美丽的内在修养就是女人最好的“商标”。这个商标不仅仅是为了事业而“推出”自己，为“爱和家庭”标榜自己，也可以成为自己最好的信心来源。反复推敲自我，可以帮助女人进一步确立属于自己的一片精神空间。内在因素影响外在表现，好的内在修养可以帮助女人撑开社会活动空间，在家庭生活、爱情生活和事业当中用自己坚定的信念来追求充满魅力与自信的形象。修养带动女人的个人生活，具有含金量的女人，才配得上女人与生俱来的尊贵和细腻灵巧的气息。

有时候，提起一个女人，我们想到的不是她的相貌，而是她留给人的整体形象。我们往往想起她是泼辣，是活泼，是温柔善良，还是强势逼人。那些具有良好品质的女人，让人想起来总是感觉耳目一新；而那些没有修养的女人，让人想起来则会感到厌恶。因此，具备良好的修养，会给别人留下更好的印象。

让好修养成为你的商标，你才会美得更加彻底，超越了只有外表的浮华，由内而外散发出的一种美感，才会让人心动不已；让好修养成为你的商标，你才能获得良好的人缘，一个自私自利的女人总会让人觉得心胸狭隘，难以与之相处，而一个宽容大度、通情达理的女人则会更受大家的欢迎；让好修养成为你的商标，你往往会有意无意地获得更多的机遇，而这些机遇往往能助你走上一个更高的人生高度。

每个女人都有被别人记起，甚至是谈起的时候，如果在这个时候，你被评价为有内涵有修养的女人，那么你就是成功的。因为这样的赞美远远地超过了说你是个美女。因此，在你为了让自己更加完美而“修外”的时候，千万不要忘记了“兼内”。

生命箴言

修养，听上去像是一个概念，然而它却融入生活中的点点滴滴，哪怕只是一个微笑，一份关怀，一次宽容，都会是修养的一种体现。它如一缕和煦的春风，让别人轻松愉悦，也让自己神清气爽。作为女人，更应该提高自己的修养，因为它将成为你生活中的一张王牌。

好性情，温柔似水，如沐春风

温柔是女性独有的特点，也是女性的宝贵财富。如果你希望自己更完美、更妩媚、更有魅力，你就应当保持或挖掘自己身上作为女性所特有的温柔性情。须知：做女人，不能不懂温柔；要做个百分百女人，不能丧失温柔；要成为幸福快乐的女人，绝对不能不温柔。

女人最能打动人的就是温柔。温柔而不做作的女人，知冷知热、知轻知重。和她在一起，内心的不愉快会很快烟消云散，这样的女人是最能令人心动的。

女性的温柔是民族遗风、文化修养、性格培养三者共同凝练所致。一个真正温柔的女人，善于在纷繁琐事忙忙碌碌中温柔，善于在轻松自由欢乐幸福中温柔，善于在柳暗花明时温柔，善于在关切和疼爱中融合情人与妻子两种温柔，善于在负担和创造中温柔，这些是女性走向成功的不可轻视的艺术。

温柔是一种美德，一种足以让男人一见钟情、忠贞不渝的魅力。男人挑剔的眼光，盯着女人的美丽的同时心里还渴求温柔。在充满浪漫与憧憬的青年时代，美丽或许会占上风，可当从感性回到理性的认识中时，男人就会越发明白：温柔比美丽更可爱。事实上也是如此，在季节的变迁、时间的轮回中，美丽的外表会失去光泽，而温柔将会永驻。这自然形成的女性温柔古往今来给人间带来多少深情挚爱、温馨和谐，让男人不能忘怀。

恋人的温柔若款款的催化剂，催促着爱情的花果早日绽放成熟。夫妻的温柔像一缕春天的阳光，像一轮秋夜的明月，为生活平添着温馨和明净。

温柔里面包含着深刻的东西，这就是爱。这种爱之所以深刻，是因为它不是生硬地表演出来的，而是生命本体的一种自然散发。温柔可不是娇滴滴、嗲声嗲气，那是假惺惺，是故作姿态。而温柔是真性情，是骨子里生长出来的东西。一个女人站在我们面前，说上几句话，甚至不用说话，我们就能感觉到这个女人是温柔与否。

女人的温柔像沙漠里日夜吹起的风沙一样，当这温柔之沙飞扬起来时，是具有掩盖一切的姿态和力量的，虽是“沙”，却那么柔。女人的温柔像无孔不入的水滴一样，它可以涵养孕育大地之上的万物生灵……

可能你在事业上不是一个女强人，学历并不高，厨艺也不怎么样，你的手很笨拙，长相也一般，总之你绝对不能算得上是一个十全十美的俏佳人。但只要你有一大特点——温柔，就足以吸引许多男人的注意力。因为在他们眼中，你的这一特点胜过世间的无数景致。

林黛玉并不是《红楼梦》中最美的，可是宝玉还是更爱黛玉，读《红楼梦》的男人们也会觉得黛玉比宝钗更可爱。为什么？因为她比宝钗性格温柔，她的娇嗔，她的妩媚，她的婉转，她的细腻，她的柔弱无骨，甚至她的弱不禁风，哪个男人会不心疼这样一个林妹妹呢？又有哪个男人面对她的娇弱会不怦然心动呢？所以，在男人眼里，她就是最美的。

虽然林黛玉在《红楼梦》中是个悲剧人物，但在现实生活中，温柔的女人较之不温柔的女人能获得更多的幸福。

有这样一对夫妻：儿子已经结婚生子，妻子的温柔却不减当年。每天晚上，他们都会手牵着手，有说有笑地出去散步。那个柔情蜜意，就是热恋中的情人也不过如此。

当然他们也会争吵，但妻子一句责备的话也充满了温柔。他们的家庭是幸福的。丈夫舒心地工作，业绩辉煌，妻子把家打理得井井有条，日子过得非常充实快乐。

这就是妻子性格温柔的力量。

男人需要女人温柔，正如女人需要男人阳刚一样，这是心理和生理的差异造成的，也是男人和女人之间的互补性要求。

春燕是那种长不大的“小女人”，睡懒觉、爱撒娇、爱使小性子，还动不动就抹眼泪。有一次，她又在妈妈面前撒娇，她的妈妈开玩笑说：“这么大了还像个孩子，不改改这些臭毛病，以后恐怕嫁都嫁不出去……”

后来春燕不但嫁出去了，老公还很宠她，什么事都依着她、让着她，对她是呵护备至、疼爱有加。春燕的妈妈对女婿说：“真是亏了你对她这么好了，你也别惯着她，她那些臭毛病呀该改改了。”然后就罗列了女儿一大堆“坏毛病”，没想到她的女婿竟然说：“妈，我看这都不是毛病，我觉得这样才有女人味呢。”

趁妈妈不在的时候，春燕偷偷地问她的老公：“我真的很有女人味啊？”她老公说：“是啊。”“那你举个例子。”春燕笑着盯着老公说。老公想了一会，说：“比如，你从不大声嚷嚷，说话的声音永远都很温柔动听；比如，我早上上班走的时候，你总会检查一下我的衣服，有时会摘掉粘在上面的头发；比如，你看电视时，会傻傻地抹眼泪。还有……”

可见，女人的温柔，是一场无声的春雨，滋润着男人干枯的心灵，舒展男人疲惫的枝叶；是一杯淡淡的清茶，既解渴，又能化解疲劳。温柔的女人，是一溪清泉，缓缓地、轻轻地流淌出来，将男人围拢、包裹、熏醉，让男人感受到一种放松、一种归属、一种惬意。

温柔女人会审时度势地施展温柔的姿态。当遇到艰难困苦，她的姿态是柔韧的，这种柔韧可以使身边的人感受到力量；当身处平顺祥和的舒适岁月时，她的温柔便会表现出一种脆弱，婀娜无助得让人忍不住想扶她一把；当面对别人的温柔时，她则表现出一种慈祥，让他人安然于这份温柔的纵容。

女人的温柔是一种体贴，她把这种体贴化做一杯热茶或是热咖啡，当他工作了一天，刚刚进门，身心俱疲的时候，递上了这份“体贴”。即使他的心情再不好、受的挫折再多，这份知心的理解对他而言也是莫大的抚慰。

温柔的女人懂得用无言表达自己的关怀，如果感觉对方有倾诉的欲望，就会安静地坐在他的身旁做一只温柔的耳朵，虔心聆听他的烦恼。如果感觉对方想独自一个人静一静时，就轻轻地为他关上房门，给他独处的空间。这种体贴是一种真正的关切，是用自己的心设身处地地忖度他人的心情和处境，并给予关怀与爱护。面对这样一份浓情蜜意，再冰冷的心也会被融化、被温暖。

女人的温柔是因为爱而理解，因为爱而忍受男人，可以不急躁、不粗鲁、不固执，但并不代表着毫无主见，任人摆布。她们顺从但不盲从，只有在认同的基础上才会同意对方的做法，才会尊重他的决定。

女人的柔情在男人的心中是一道永远不灭的风景。这道风景里充满优雅淡静的诗意，充满温情含蓄的微笑，充满善解人意的抚慰。没有人会不喜欢这道风景。

生命箴言

“最是那一低头的温柔，像一朵水莲花不胜凉风的娇羞，道一声珍重，道一声珍重，那一声珍重里有蜜甜的忧愁。”徐志摩的一首诗，道出了温柔的女性美。温柔的女人，她不会脾气暴戾，虽然说起话来未必是柔声细气，但是语气平和，让人倍感舒适。温柔的女人总是善解人意，她用心倾听你的话语，而她的细语更是真情的流露。

有爱心，生活不会辜负你的善良

善良的品格如同沙漠里的绿洲，给人希冀。善良是拯救人性的良药。一个善良的女人，会给人春天般的温暖，更会给人天使般的感觉，正是因为内心的那份善良，才会为维持和谐的社会秩序贡献一份力量。试想，假如人人为己，自私自利，甚至为了自己的利益而你争我夺、恶语相向、大打出手，那么社会秩序将会何其之乱，而失去了良好的环境，大家赖以生存的空间便不能安定和谐，那么，我们的生活又怎么能够得到保证呢？

善良虽博大如海，却又蕴于简单而平易的细节之中：它是风雨中悄然为你撑开的一把伞，给你庇护；它是寒冬里为你燃起的一盆火，给你温暖。更多的时候，善良是一句亲切的问候，一个善意的微笑，一声真诚的祝福。善良是人性光辉的体现，是奠定人们高尚精神和道德的基本品质。心底无私是善良，默默奉献是善良，帮人做一些力所能及的小事也是善良。

善良的女人，不会有恶劣的行为，对于生活中的问题，她们总是用温柔与智慧的方式去解决，她们不会招来别人的厌恶，反而让人充满敬意。虽然社会大舞台上的人形形色色，但是她们却总能够保持自己的本真，以善良之心待人待物，时刻散发着人性的光辉。这样的女人让人赞美，让人敬慕。

其实，“善良”这个词汇，是多么单纯，但却又是多么有力。它浅显易懂，它与人终生相伴，但愿我们能常追随它、善用它，因为老祖宗早就叮嘱过“善为至宝”，一生用之不尽啊。

有一个单身的女孩子，刚刚搬了新家，她发现隔壁住了一户穷人家，一个寡妇与两个小孩子。有天晚上，那一带忽然停了电，那位女子只好开始找蜡烛。

这时，她听见有人在敲门。打开门一看，原来是隔壁邻居的小孩子，只见他紧张地问：阿姨，请问你家有蜡烛吗？女子心想：他们家竟穷到连蜡烛都没有吗？千万别借他们，免得被他们依赖了！于是，对孩子吼了一声说："没有！"

令她没有想到的是，就在她正要关上门时，那个穷小孩展开关爱的笑容说："我就知道你家一定没有！"说完，竟从怀里拿出两根蜡烛，说："妈妈说怕你一个人住又没有蜡烛，所以让我带两根来送你。"此刻女子自责、感动得热泪盈眶，将那小孩子紧紧地拥在怀里。

我们每个人只有对别人充满爱心，才能够唤醒别人的感恩之心。

有一位家庭十分贫困的男孩子，为了能够积攒自己的学费，挨家挨户地推销商品。傍晚时，他感到疲惫万分、饥饿难挨，而他推销得却十分不顺利，甚至有些绝望了。这时，他敲开一扇门，希望主人能给他一杯水。开门的是一位美丽的年轻女子，她却给了他一杯浓浓的热牛奶，令男孩感激万分。

若干年之后，这位小男孩成了一位著名的外科大夫。一天，有一位患病的妇女，因为病情严重，当地的大夫都束手无策，她便被转到了这位著名的外科大夫所在的医院。外科大夫为妇女做完手术后，惊喜地发现那位妇女正是多年前在他饥寒交迫时，热情地给过他帮助的年轻女子，当年正是那杯热奶使他燃起了对生活的信心。结果，当那位妇女正在为昂贵的手术费发愁时，却在她的手术费清单上看到一行字：手术费＝一杯牛奶。

当别人遇到麻烦时，明明是举手之劳，可有的人却选择视而不见，那么，当他们自己遇到麻烦时，又有谁愿意出手相助呢？人和人是相互依存的，一个篱笆三个桩，不可能有谁具有万能的本领，虽说献出一份善良、一份爱心并不是为了获得回报，可是当自己袖手旁观的时候，何不来个换位思考：假如那个遇到麻烦的人是自己，心中又会是何感受呢？

用爱面对每一天、每一个人、每一件事，心中就不会堆积烦恼，世间的纷争也会减少。天地虽宽，只要用无限的爱心去启发、引导，力量就不会间断。

爱惜自己，追求幸福，是人的本性之一，然而同时也别忘记关怀他人，让别人也能拥有幸福，让社会多点温情。因为，唯有相互关怀、体谅，才是赖以创造出人类共同富裕及幸福生活的力量。

唯有主动付出，才有丰盈的果实得以收获。别人站得远，我们就走近，距离便会缩短；别人若冷漠，我们持以热情，就会让彼此靠近。

慷慨无私地为别人着想，就像播种一样，总能看到收获，尽管这种收获有时是直接的，有时是间接的，但是有良心、重情义的受益者终究会把爱的种子珍藏于心，直到永远。

有这样一个被人称为“美丽的误会”的故事。

在一家餐馆里，一位老太太买了一碗汤，在餐桌前坐下后，突然想起忘记取面包了，于是她急忙起身去取面包。等她返回餐桌时，却惊讶地发现自己的座位上坐着一位黑人男子，正在喝着自己的那碗汤。

“这个无赖，他无权喝我的汤！”老太太心里气呼呼地想道，“可是，也许他太穷了，太饿了。我还是一声不吭算了，不过，也不能让他一人把汤全喝了。”

于是，老太太装着若无其事的样子，与黑人同桌，面对面地坐下，拿起了汤匙，不声不响地喝起了汤。就这样一碗汤被两个人共同喝着，你喝一口，我喝一口。两个人互相看着，都默默无语。这时，黑人突然站起身，端来一大盘面条，放在老太太面前，面条上插着两把叉子。

两个人继续吃着，吃完后，各自直起身，准备离去。

“再见。”老太太友好地说。

“再见。”黑人热情地回答。他显得特别愉快，也非常欣慰。

黑人走后，老太太这才发现，旁边的一张饭桌上，放着一碗无人喝的汤，正是她自己的那一碗。

生活就是这样纷繁复杂，人与人之间的误会、隔阂，乃至怨恨等，时常都会发生。只要心地善良，互谅互让，误会、怨恨也能变成令人感动和怀念的往事。生活就是这么有意思，人们在互相的善良中得到好处，在互相的帮助中不断前进，在互相的支持中共同走向美好的明天。

“人之初，性本善。”善良的女人胸襟博大，富有爱心。也许她们不曾想过，将爱心的种子播撒出去的时候，会收获丰富的果实。但是只要有一颗善良的心，生活所给予她们的不会只是重负，只是坎坷。善良的心比金子更珍贵，你无意中帮了别人一把，或许会让他在生命中看到希望，从而继续努力，走向更美好的未来；你一句宽慰的话，或许就会解开一个心结，让他不再意志消沉。善良的女人心如白雪，洁白无瑕，她们是最美丽的天使，因为善良，她们的人生也会更加多姿多彩。

生命箴言

善良的女人犹如一部名著，开卷有益，百读不厌。善良的女人犹如一首名曲，美妙动听，韵味无穷。善良的女人心地像小河，潺潺涓流，清澈见底。一颗善良的心，一种爱人的性情，一种坦率、诚恳、忠厚的精神，让女人成了人间最美的天使。

用真心，真诚是最闪亮的光环

在女人的品质里，“真”占据了很重要的位置。“真”是美的基础和前提，是一个女人魅力最重要的组成部分。真实、真诚、真心，一个女人具备了这几样特质，就有她淳朴原始的可爱，如棉布的拙朴粗砾，如山风的清新扑面，如那山野里遍天漫地的野花，自由自在地开放，该开花就开花，该结果就结果，该凋谢就凋谢，不矫揉造作，不忸怩作态，自自然然，以生命赋予的最初的状态，呈现一份未经雕琢的天然古朴的美。你欣赏也好，你忽视也罢，它都不会介意，而只是快乐地、竭尽所能地去绽放。

每个人都希望看见一张真实的脸，感受到一颗真诚的心。也许她长得不够漂亮，也许她处事不够练达，也许她不会八面玲珑，长袖善舞，更不会算计，不会钻营，不会不达目的不择手段，不会走捷径迅速地去获取所谓的“成功”。但是，当你面对这样一个女人时，会感觉自己面对的是一条清澈见底的小溪，不用伪饰，不用设防，如明月的光辉，如清风的拂面。你会解除掉捆绑在心灵上的层层枷锁，解脱掉束缚于灵魂的种种重负，洗净世俗不洁的尘埃，摆脱功利场上尔虞我诈的凶险，回复到孩童般纯净透明的真。你会不由自主地以一颗更“真”的心去与之交往。

但可悲的是，在现实生活中，为了取得别人的好感，一些女人开始戴上伪善的面具，想尽办法，耍尽手段，想与那些对自己有用的人结交。

殊不知，伪善只能暂时笼络人心，而真诚才能长久抓住人心。所以，女人在与人交往时千万不要吝惜你的真诚。要想真正获得人心，就要敞开心扉，与别人赤诚相见，如此别人才能了解你、依赖你、接纳你、帮助你。

真诚就是保持人原有的那份美丽、坦然和纯真，而不是工于心计，对人不讲实话、不吐真言。

做一个真诚的人，关键在于一切从平时的小事做起。

首先，要做到真诚，不能只在外表上下工夫。说话动听悦耳，而你的内心不诚，至多只是“巧言令色”罢了。对方如不是糊涂之辈，定会看出你的虚伪，因为内心不诚，凭你巧言令色，终有若干破绽给对方看出，岂不是心劳术拙吗？相反，内心真诚，即使拙于辞令，拙于表情，也能体现出你的朴实。诚且朴实，效力更大，只要对方对你素无误会，你的真诚，必能感人。

其次，最忌的是平时好用欺骗手段，欺骗也许能得一时之利，却不能维持长久。

如果你的欺骗日久为人察出，即使你真的有诚意，仍会被认为是另一种姿态的虚伪。因此，一生不可有任何欺骗行为。也许你曾遇到过这种人，你以真诚相待，他却以诡诈回报你，于是，你便对真诚的效用发生了怀疑。其实，这只是由于你的真诚不足以打动对方的心。对一切你要“反求诸己”，不必“求诸人”，这是用真诚打动别人的唯一原则。

最后，对周围的人付出真诚，并不需要花你很多的时间或是让你付出太多的精力，有时你只需静静地做一名听众，倾听对方的诉说即可，这样也会给你带来好人缘。

有一位女士，定期去一家美容店做美容。店里的一名美容师向她倾诉婚姻的不幸，并问她，自己是否该离婚。这位女士并不熟悉她的家庭，也不能胡乱替她拿主意，所以每次美容师问她，她就反问一句：“你看该怎么办？”美容师就认真考虑一下，然后说出自己的想法。

不久，这位女士收到了美容师的鲜花和感谢信。一年以后，又收到美容师的一封信，说她的婚姻已十分美满，非常感谢这位女士的好意。

事实上，这位女士什么主意也没替她出，只是真诚的态度以及足够的耐心和沉静感染了美容师，给她一个整理自己思绪的时间和机会，使她从非理智转变到理智中来，找到了解决问题的方法。这位女士就这样“轻而易举”地获得了对方的谢意和友谊。

在为人处世中，真诚的心态，好比一个水源，水源清，水流则清。即你对别人真诚，别人对你也就真诚，在这方面唐太宗为我们树立了典范。有一位臣子向唐太宗上奏：“君王应远离佞臣。”唐太宗觉得奇怪，于是问：“谁是佞臣？”臣子回答：“臣并没有说是谁，但是有辨别的方法可以供陛下参考。陛下可以在群臣面前装出很生气的样子，来试一试群臣，要是能够始终遵守道理，不屈服于陛下的就是刚直之臣；如果害怕陛下盛怒，而违背自己的心愿，心不甘情不愿地遵从陛下，就可以说是佞臣。”但是唐太宗并不采纳他的意见，说：“水源清澈时，水流也会清澈。为君之人，做出欺骗的行为，又如何要求臣子正直呢？朕只是诚心诚意地想治理好天下而已。”唐太宗的意思十分明白，上任诚，下用情，这好比水一样，水源清，水流也清。在为人处世中，你对别人真诚，别人也就对你真诚。

在人与人的相互沟通与交流中，如果能够更多的以本来的“内在自我”真诚地与人交往，将会起到长久的效果。现实社会中的每一个人的外在形象，往往都被自身的社会地位、家庭背景、工作职位、学识高低等包裹着。由于有这层外在的包装，也就使人与人之间的交流与沟通产生了距离，但是如果能撕开这层包装，人与人之间除了性格之外，在人格、尊严、生存需求等方面都是同等的、无差异的，如果能以这种无差异的“内在自我”与人真诚地沟通与交流，必将获得更多的尊重、信任与信赖。

在风起云涌的 IT 行业，有这么一个令人瞩目的人物：他曾经是一个微软的普通程序员，却因为一个“异想天开”的创意引起高层注意，成长为身家上千万的中国区总裁；2004 年，他又就任盛大总裁一职，创造了身价 4 个亿的神话……这位从江苏常州的贫寒子弟到“天价”经理人——就是唐骏，当媒体问他：“你为什么成功？”他做出了最好的回答：“中国人最怕的是被感动。如果你感动了他，那么，他会为你赴汤蹈火。这是中国人的性格。”当他用真诚感动了同事、家人、上司、竞争对手、社会大众……他梦想中的成功，怎么会不随之而来？

真诚是人类最重要的美德，也是人与人沟通与交流的重要原则，它是基础，也是关键。因为我们不是生活在真空里，所以我们要用心做桥梁与周围的人相处。

做人真诚不仅是理念，而且也是经验，不只是挂在嘴上说说，还需要用心对待，真诚会让生活非常坦然，谎言会让人坐立不安。俗话说：“天下没有揭不穿的谎言。”不要让真诚成为一种迷惑对方的手段，不要自以为很聪明、很高明，把别人都当成傻子，说谎实际上是一种愚蠢至极的行为，是搬起石头砸自己的脚。现实生活中我们都需要与人真诚相处，朋友之间相处需要真诚，合作伙伴之间需要真诚，对于恋人、夫妻间更需要真诚相待。我想很少有人喜欢听谎言，愿意生活在谎言之中，要知道哪怕是善意的谎言，也会给对方以伤害。谎言犹如一把双刃剑，伤人害己，这些最简单最朴素的道理，是否非要等到自食恶果时才能明白呢？

真诚需要信任与信赖为基础，而信任与信赖的建立也非一朝一夕所能造就，它缘于彼此的一种默契，一种彼此的宽容。如果缺少了彼此的信任与信赖，谈何真诚的相处呢？俗话说：一个人如果没有感动对方，是因为诚意不够，是因为不能把心真诚地交给对方，是因为没能信任对方。

生命箴言

真诚是可贵的，虚伪是可怕的，没有了真诚，这个世界除了污秽就是虚伪。做人千万别失落真诚，因为真诚还没有发现代用品。越是珍惜的东西也越是脆弱也越是容易失去，所以真诚更显无比珍贵，一旦玷污就很难还其清白。

懂低调，拥有润物无声的亲和力

饱满的麦穗总是低垂着，自然界里不乏这样的现象，人生亦如此，谦虚的人生才是“丰盛”的人生。

日常生活中，人们惯于津津乐道自己最高兴、最得意的事。事实上，即使是你怀有最大兴趣的事，有时也很难引起别人热烈的响应，而且还让人觉得好笑。

“那一次纠纷，如果不是我给他们解决了，不知还要闹多久，你要知道他们不把任何人放在眼里，不过当着我的面他们就不敢含糊了。”

即使这次纠纷确实是你调解解决了，可是一句“当时我恰巧在场就替他们调解了”，不是更让人敬佩？一件值得称道的事，被人发觉之后，人们自然会崇敬你。但假如你自己不讲究技巧，一味地夸夸其谈，最后必然会遭到大家的蔑视。

美玲是人如其名，1.70米的身高、俊俏的脸蛋、苗条的身材，怎么看都是一个十足的美人，更为重要的是美玲还能讲一口流利的英语，这也是她最为得意的资本。刚进公司的时候，上司陈娜对她很亲切，但在一次跟外商谈业务的聚会上，美玲出尽了风头，她得意地用英语跟外商海阔天空地交谈，并频频举杯。她以她的高贵与美丽成了整个聚会上的焦点人物，而把上司陈娜冷落到了一边。聚会结束没多长时间，美玲就被调到了一个不太重要的部门了。

美玲一点不谦虚的表现，自然让上司陈娜沦为配角。她在公众场合喧宾夺主，旁若无人地与上司抢“镜头”，使上司陷入尴尬的处境，上司当然不愿意把这样的下属留在手下了。

一个智慧的女人，知道什么时候该表现自己，什么时候该收敛自己，一个收放自如的女人，一定是一个有强大气场的女人。学会谦虚对女人很重要，正如明人陆绍珩所说：人心都是好胜的，我也以好胜之心应对对方，事情非失败不可。人都是喜欢对方谦和的，我以谦和的态度对待别人，就能把事情处理好。

有一位在一流企业担任要职的领导荣升为经理，在就职的发言中她说道：“我一向对数字感到头痛，所以以后还请大家多多帮忙！”

就这一句话，把为了迎接能干的经理而战战兢兢的属下们的紧张感一扫而空。但是，后来的情形却恰恰相反。当属下提出书面报告时，她一眼就看出了差错：“这地方数字有错哟！”她若无其事地督促其注意。这个指正其实很细微，但却相当重要。这样继续一段时间的话，便会给下属留下这样的印象：“这经理明明说她什么都不懂，其实相当不含糊呢。”

因此，女人应该学会谦虚。谦虚是一种好品质，它可以帮我们赢得他人的尊敬。

在传统的美国青春电影中，女主角一定会是那个低调又善良的邻家女孩，而女二号是那个校园里最瞩目的焦点，手挽男主角的拉拉队队长。在故事的前半段，女二号会想尽办法对单纯的女主角百般折磨，趾高气扬地让女主角永远比不上她。而后半段，自然会是女主角丑女大翻身，从灰姑娘变身公主，用善良的心赢得男主角的青睐，并最终在众人的支持下打败坏心肠的女二号，从而获得童话般的大结局。

看到这里，有女士一定会问了，难道这代表着高调的女人就都是坏心肠了？答案当然是否定的。高傲或低调，只是女人们对自己生活方式的一种选择。

A与B，是一家销售公司分别负责两个销售组的主管。A是那种高傲的女人，事事都会争一个最先，她要求自己的下属必须级别分明，而善着装的她也是老板出席各项活动的最佳助手；B则是那种有些低调的女人，有一次A组的新人去B组转交文件，见到正在茶水间的她，就直接走过去说："你好，可不可以请你帮忙把这份文件转交给你们主管。"而B竟然就笑着答应了一句"好"，直到很久以后才发现她就是主管。不过这两个组的业绩却是一直不相伯仲。然而，在后来的销售总监内部民选中，赢得最多支持率的人却是B。因为在同事们的心目中，具有亲和力的B会比锋芒毕露的A要更容易相处，也更懂得作为普通职员的他们的心意。

选择高傲生活方式的女人，在承受众人热烈目光的同时，也需要为维持这种高傲的姿态付出自己的心思。她需要第一时间获取最流行的资讯；她需要每天出门前花超过一个小时的时间来挑选衣服和化妆；为了不成为无脑的美女花瓶，她在工作学业方面也不能放松。但是，太过专注于打点自己的高傲女士，却常常会因为自己的高傲而忽视了身边人的感受，也会因为高傲的外表，而将许多人拒之很远。而高傲最大的副产品，就是你也必须随时准备应对一旦自己遭遇滑铁卢，那些比赞赏更挑剔的鄙夷目光。

选择低调生活的女人，通常都对自己想要什么，有着十分清晰的认识，不会因为没有得到别人的赞赏而郁结。无论是工作还是生活，她们对于周边的人，会保持平和的心境。她们做事情不是那么风风火火，却会保持着自己预计的节奏，有序地向目标前进着。低调的女人，并不等于她就是默默无闻的，在必要的场合，她同样可以绽放出属于自己的光彩。例如，在舞会上赢得了王子目光的灰姑娘，若是王子不是第一眼见到她穿的华衣衬托出的那张单纯的美丽容颜，也许并不会有后来的故事。但是，我们必须承认，低调的生活可以让我们最大可能地避免来自周边的敌意，也可以让我们在关键时刻赢得来自众人的支持。

生命箴言

女人永远不要为想要成为众人的焦点，而放弃原本自己的本质所属，因为永远都会有新的人站在那个被瞩目的位置，而被替换的人都不会再被人记起。不如用心与周围的每个人相处，只有懂得你的人，才会愿意珍惜你。

第五章

情感力：

美丽人生，爱的修行

内心有爱，生命定不会孤单，

眸里有景，人生定不会萧瑟。

翻阅生命的书简，惟有爱的光阴，

清幽含香，美丽含韵。

如春水依依，如夏雨潺潺，

如秋红脉脉，如冬雪纯纯。

一颗被爱浸泡的心，在岁月里含着微笑的芬芳，

相安流年，相守朝暮。

岁月的莲池，摆渡红尘里的悲与喜，清与寂，

让心灵停泊，让情感靠岸，你的人生才会现世安妥。

懂珍惜，爱是一辈子的事

一位作家说得好："婚姻是窗前的一盏灯，失去了它，你才知道什么是荒山野径。"由此可见，婚姻尽管平淡，但你不可以失去它。失去了婚姻就失去了爱，就会感到寂寞无助。在平淡中见真情，只有懂得珍惜平淡的婚姻生活，他才能陪你走得更长更久。

说起珍惜，也许没有哪个女人不希望自己珍惜婚姻的，可是，能真正做到珍惜婚姻的又有多少呢？明明爱着自己的丈夫，却对他三天一小吵两天一大吵，丝毫不关心他的健康，丝毫不关心他的工作；明明很爱自己的家，却对这个家吝于付出、锱铢必较；明明很希望自己的婚姻如意美满，却不断地制造矛盾和纠纷，不依不饶……这样就是珍惜婚姻吗？

两个人在甜蜜的时刻走向了婚姻，可由于不懂得珍惜，那种甜蜜就变成遥远的回忆了。这能怪谁呢？如果我们把婚姻比作一杯酒的话，幸福的婚姻就是一坛酒香郁郁的好酒。而这坛好酒需要的虽有浓烈，但浓烈不如平淡，平淡不如持久，而要持久就必须懂得珍惜。一切幸福长久的婚姻都需要我们做到精心经营、细心呵护、倍加珍惜。

可是，在我们身边，时常听到一些女人这样抱怨：抱怨命运的不公，抱怨自己最初错误的选择。我们不能总是抱怨，要能以珍惜的态度对待自己的婚姻。婚姻，通俗的说法就是两个相爱的人搭伙过日子，至于能不能长久，还要看彼此能不能珍惜那份缘分。

林子和丈夫晓伟是高中同学，然而在高中毕业后就各奔东西了。时间一晃，七八年过去了，他们都经历了初恋的酸涩、甜蜜和失恋的痛苦、暗淡，而一次机缘巧合的相遇使他们重新认识了对方。那时林子还沉浸在失恋的痛苦中，而闺蜜们一个个都走向了婚姻的礼堂，再加上父母的再三催促，她做出了一个决定：和晓伟闪婚。就这样，他们走在了一起。结婚证拿到手后，林子心里有一种稀里糊涂的感觉——难道自己这就成了一个有丈夫的人了吗？

其实，晓伟和林子的初恋男友在各个方面都差不多，甚至可以说，晓伟更优秀一些。但是，林子在婚后相当长的一段时间里，很不适应和晓伟在一起的生活，因为她习惯了初恋男友的味道，习惯了在初恋男友面前撒娇、使性子。因此，她不能接受另一个人和她生活在一起。于是她对晓伟横挑鼻子竖挑眼，横竖都不满意。晓伟也看出了妻子对他的挑剔，但是他还是默默地为妻子洗衣、做饭，默默地承受她时而歇斯底里的吼叫。

时间久了，林子的怒气和怨气都渐渐消失了，晓伟还是和往常一样对她无微不至地关爱。林子觉得有点儿对不起自己的老公，心想：以前的男友再也无法回到自己的身边了，我为何不珍惜现在的婚姻生活呢？如果我这样下去，我们的婚姻一定不会幸福的。

于是，林子就开始慢慢接受、珍惜、关爱晓伟。晓伟感觉到了林子对他的关爱，更加高兴了。一年后，他们有了自己爱情的结晶，幸福的婚姻生活已经扬帆起航了。

其实，要想婚姻之路走得更长、更久，我们必须懂得如何去珍惜自己的婚姻生活，懂得如何去珍惜自己的丈夫，懂得如何去珍惜自己的家庭。幸福这东西必须在自己力所能及的基础上去追求，动辄就对对方产生更高的奢望，这无异于做无米之炊，等于刁难自己去追求烦恼和不幸，这是不珍惜婚姻的做法，是不明智之举。

记得由周星驰和朱茵主演的《大话西游》里有这样一句话：曾经有一份真爱摆在我面前，我没有珍惜，如果时光能够倒流，我会对她说："我爱你"，如果非要给这份爱加一个期限的话，我希望是一万年。这句堪为经典的话同时也在启发我们：如果我们不懂得珍惜现在拥有的感情、家庭、婚姻，那么，等我们失去的时候，后悔都来不及了。婚姻是这个世界上极为宝贵极为神圣的东西，如果我们不懂得珍惜，当婚姻失去时，再回头挽回都不可能了。

人这一辈子真的不容易，生活不容易，婚姻也不容易。据说，在这个世界上，一个人与另一个人相遇的可能性是千分之一，成为朋友的可能性大约是两亿分之一，而成为终身伴侣的可能性只有几十亿分之一。在这浩瀚的世界里，芸芸众生中，一个人能与另一个人结为伴侣，这是多么的不容易啊！因此，我们一定要相信机缘，一定要珍惜拥有。如果我们在彼此拥有的日子里，忘却了自己的初衷，因为太熟悉了，熟悉得没了距离，因为太了解了，以致对身处的温情熟视无睹，没有了感觉；如果我们停止了对婚姻的珍惜，放弃了对婚姻的维持和努力，将深爱的人无情地摧残，那么，我们也会将自己陷入迷茫孤独的境地。

幸福的婚姻生活应该用什么来诠释呢？我想：如果自己的另一半愿意和你一起走过风雨，涉过坎坷，而依然无怨无悔；如果自己的另一半能够和你相伴一生一世，相濡以沫，而依然相亲相爱，这就是幸福的婚姻生活。很多时候，我们活得很迷糊，甚至迷糊到自己身处幸福之中却意识不到，还满怀期待地到处寻找。直到某一天，蓦然回首，才惊讶地发现，原本拥有的幸福已在无谓的寻觅当中悄然离去，而自己从来没有珍惜过。人往往都是这样，拥有时不知道珍惜，失去时才知道珍贵，我们身边不是有很多这样的例子吗？

有一对老人，常常在夕阳西下的时候挽着手，安详地走在林荫道上，这让很多过路人羡慕不已。有一次，记者问他们：“叔叔，阿姨，你们看上去是多么幸福啊，能不能传授一下幸福的秘诀啊？”他们都笑了，那位阿姨说：“有什么秘诀啊？幸福其实是由珍惜得来的，不懂得珍惜婚姻的人，是很难得到幸福的。”阿姨说完，叔叔点头称是。

是啊，两个人从相逢、相识、相爱，到步入婚姻，结为伉俪，这其中的情缘是多么深厚啊！唯有珍惜这份情缘，才能让幸福之花永远开放，并吐露芬芳，散发出迷人的香味。

往往，拥有幸福时不知道幸福的真正含义，等到失去了才发觉幸福其实就在我们身边。这就像被黑布蒙住的眼睛，失去了感受色彩的能力，心灵只剩苍白。在现实中，我们很少去想自己已有的东西，往往竭尽全力去寻求得不到的东西，把眼睛望向彼岸，好像那里才有幸福和快乐。恰恰在我们力不从心的追求过程中，丢失了眼前的幸福。

远方的路也许坎坷不平，远方的风景也许让人流连忘返，远方也许有自己能够寻找到的别样的东西，远方也许有自己想象的爱情。但是，经过一番长途跋涉，当满怀疲惫回到心灵的故乡——家，当我们收拾起一颗狂野浮躁的心，我们就会发现，其实真爱就在身边，爱情就在眼前，温馨的婚姻生活，就在这方狭小的、再熟悉不过的屋宇之下。

生命箴言

Live proverbs

珍惜婚姻，就是珍惜我们的幸福。用自己的爱心去呵护一个温馨的家，用自己的真心去经营一个甜蜜的家吧，只有这样，我们的婚姻才能够幸福长久。

多扶持，幸福是互相成就

男人与女人相比，的确可以以强者自居，但这个强者只是相对的。当男人心情沮丧时、压力过大时、感情激动时，也同样希望得到女人的安慰与支持。

无论多么成功的男人，他在家庭中在事业上大多受到过好妻子的帮助和指导。这种丰富的细节关怀和女性特有的温馨扶持常常使男人克服了自身的弱点，在温暖中完成志愿和追求。妻子的这种帮助，并不像教育者那种专科专项内容分明的培育，而是一种无影无形的却可以发生巨大推动力的无名英雄式的传导。好老婆就像深藏于大树下泥土中的密集的树根，从四面八方各种角度汲取丰富的营养，培植挺拔于风雨中的男人之树，而男人在那些善良宽容智慧的妻子面前由成熟到成功总是难离爱妻的叮咛。

一个善解人意的妻子，一个在任何时候都能为丈夫分担困难和挫折的女人，对男人的成长会有无法估量的激励。好妻子是朋友，丈夫可以在她面前释放所有的忧伤，可以放肆地像孩子一样泪流痛哭，毫无顾忌地讲述灵魂里的故事，可以把在生活乃至生命中的遭遇都对这位最忠诚的听者诉说。没有什么能够替代一位好妻子为丈夫容纳海一般的生命内容。

并不是每个男人都是天生的领导者和英雄。真正拥有幸福和成功的男人少之又少，那是因为，在男人背后，真心肯定和支持他们是英雄的女人寥寥无几。相对的，如果女人懂得支持男人，那么女人将成为“纸老虎”的钢骨，让男人无坚不摧，百战百胜。然而，这个道理大部分的女人都不懂，很多原本可以大有作为的男人，往往因为妻子泼一桶冷水，就平庸一生。很多时运不济、陷入绝望的男人，也往往因为妻子一番鼓励的话语，就让他咸鱼翻身。

某一天，有个男人从一栋七层高的大楼顶上跳下来。

他为什么要跳楼呢？

因为他活在深深的忧虑和恐惧中，他活得一点也不快乐。

他是一个家族企业的老板，因为事业遇到了经济危机，他已经完全没有勇气去面对自己的亲人和周围的朋友，他恨透了这个残酷的世界，所以，他只好用跳楼来结束自己，也结束一切。

本来，他的事业经营得很顺利，但因为他在和别人做生意的时候被人坑了，所以亏了很大一笔钱。然而，最糟的事情却不是他损失了多少钱。最令他难过的是，昔日一个个对他点头哈腰的朋友们，开始对他疏远了，生怕他开口向他们借钱，而这些朋友的钱，都是靠他的帮助赚来的。他也不敢把真相告诉妻子，他认为他妻子无法和他一起承受这些残酷事实和即将来临的苦难，因为长久以来，他妻子一直都以他的成功为荣，也一直都相信他会永远成功，甚至给他很大的压力。因此，他没有勇气告诉她这些事，他担心若告诉她这些事，会使她拥有幸福的希望破灭甚至远离自己，于是，他只好逼自己走进绝望的深渊。

就这样，事业上的困境和无人可以了解的苦楚，逼他走上自己办公室高楼的楼顶。当他站在高楼上的时候，开始后悔了，自己还这么年轻，因为这么一点小事就结束了自己的性命实在太可惜，但是当想到不知道如何告诉妻子真相的时候，他又把脚步往前挪了挪，最后，他纵身一跳，从七层高的大楼跳下。

从常理来判断，他这么一跳肯定会摔个粉身碎骨，必死无疑。但是，让人不敢相信的是，他全身上下所受到伤害，只是擦破了胳膊而已。他跳下的时候，正好有个阳台的雨篷挡住了他下坠的身体。

当他醒过来，发现自己还活着时，感到无比的惊讶和兴奋。这时候，所有的困境和债务和这个奇迹相比，他觉得已经根本不算什么了。如果之前他还觉得自己的生命是处在地狱底层的世界，觉得自己已经走投无路，那么现在，他为自己还活着感到激动。

他赶紧回家把真相告诉妻子，并且把跳楼的事情也一起告诉了她。他妻子一开始有点儿激动，然后抱着他大声哭泣，她开始责备他不告诉其真相，并且庆幸他没有摔死。妻子告诉他，如果他真的摔死了，自己也会随他而去。因为她完全不知道他受了这么大的委屈和压力，作为他的妻子，她应该和他一起解决问题，并且给予他全力的支持。

她轻声地安抚他，开始和他一起想办法，并且拿出自己多年的积蓄以及自己的金银珠宝和一些股票，她希望通过自己的努力来帮助男人渡过难关。男人非常感动，他想，自己如果不好好活着的话，就太对不起妻子了。

就这样，原本好几个月来都活在焦虑中、无法专心思考的他，直到被妻子真心关怀这一刻，才真正解除心中的不安，可以去思考如何渡过难关。

过了几个月，经过不懈努力，他的事业又开始步上正轨，也不再有负债。更重要的是，他已经学会如何和他的妻子一起面对事业上的瓶颈，共渡难关，就像他们一起分享胜利那样。

幸好，这是一个快乐的结局，否则，他很有可能枉送掉自己的宝贵生命，因为他不知道他妻子也能和他一起渡过难关，他更不知道她也能接受这个考验。

男人永远都是小孩，不管他曾经在商场如何意气风发，不管他曾经是英雄还是枭雄，一旦他失意，他都需要女人的关怀和支持。大部分的男人都不懂得去信任自己的妻子，因为大部分男人都有一种错误的观念，认为事业上的忧虑不用麻烦自己的妻子，自己能够解决，一直到这些问题越来越多，如同滚雪球般压垮他，做妻子的才知道自己的丈夫有这些压力，但往往为时已晚。

深爱妻子的男人们想把所有美好的东西送给妻子，想成为事业上的成功者，想在妻子心中建立一种强者的形象。但是当事业不顺利的时候，他们想尽办法瞒住自己的妻子，不让她们知道，以免她们承受不了害怕与不安，认为自己的丈夫原来也不过如此，破坏自己好不容易建立起来的形象。他们耻于承认自己的挫折，不承认自己被打败。

事实上，他们从没有想到，不论好坏，他们都应该让他们的妻子和自己共同来面对并解决这些难题。因此，女人必须了解男人的这种“英雄情结”，主动提出关怀，才能化解男人心中的苦。

也许，更常看到的是，很多男人也想把他们的困扰说给自己的妻子听，但是妻子们却不想或者不知道该如何去听。美国心理学家曾对许多大公司上班族的女人做了一些调查，最后得出的结论是：“每个好妻子都应该做好一件很重要的家庭功课，那就是做一个好听众，让她老公把他在办公室里无法发泄的苦闷、烦恼全都说出来给她听。”

任何一个在职场上待过的女子都能有这种体会，如果她可以和家里某个人谈谈这一天在工作上所发生的事情，不管是好的或坏的，对她来说都是一件很舒服的事。从心理学的角度来说，能有一个管道来抒发情绪，比凡事放在心里来得好。

在办公室里，我们经常没有机会对所发生的事情发表意见，如果今天的工作特别顺利，我们也不能在那里开怀唱歌；而如果我们遇到了困难，我们也不想把这些麻烦、抱怨说给同事听，因为他们自己已经有太多的困扰了。

因此，当我们回到家时，有一个能抒发情绪的管道，对每个人来说都是十分必要的。女人如此，工作压力特别大的男人更是如此。懂得做个好听众的女人，不仅能抚慰自己的丈夫，给他最大的安慰，使他宽心，同时也能增加男人对女人的依恋。

给自己身边的男人最大的鼓励吧！当男人们需要安慰的时候，不妨张开怀抱让男人靠一靠；当男人遭遇困境时，不妨为男人加油打气；当男人灰心丧气时，不妨给男人一点前进的动力。

生命箴言

有人说“男人是茶女人是水”，一杯茶的好坏取决于茶叶的本身，也要依赖于水的冲泡。就如同一个成功的男人背后，必定有一个伟大的女人。男人是茶，女人是水。而水又是各种形态的。不同层次的女人，她的社会价值取向也不同，泡出的茶品味也不一样。一个男人事业的成功与否，不仅在于他本身，更重要的是他身边是否有一个钟情于他、扶持他的女性。

会倾听，爱需要心的交流与共鸣

婚姻是一本厚厚的长卷，需要心灵的关注，更需要心灵的倾听。人生活在忙忙碌碌的红尘中，需要倾听和被倾听，需要心的交流和共鸣。在倾听中，彼此能懂得理解的重要；在倾听中，彼此会发觉婚姻是一生中的辉煌和最美好的事情。

你知道每个人为什么长了两只耳朵，却只长了一张嘴巴吗？这是上天要求我们多倾听别人的讲述，少说一些无谓的话。可如果夫妻之间不能认真倾听对方谈话，沟通又如何实现呢？如果你不清楚对方做事的方式方法，也懒得向对方解释清楚，或者懒得听对方解释，由此就会导致彼此猜疑和不满，两个人越来越不愿意讲话，也越来越疏离。

倾听是美满婚姻的润滑剂。现实生活中，很多夫妻感到婚姻生活很乏味，感觉没什么意思，感觉爱情枯竭了，其实是他们之间缺乏必要的沟通和倾听。如果夫妻之间长时间没有互相的倾听，就可能会出现难以弥补的情感裂痕。

请看看下面这个真实的故事吧：

丈夫下班回家，兴致勃勃地对妻子李玫说：“哈哈，告诉你一个好消息，老总让我负责一项新产品的开发设计工作……”

丈夫话音未落，妻子李玫就急不可耐地说：“真的吗？那就好。不过，现在你还是先去买一袋盐吧，一会做饭等着用呢！”丈夫一脸无趣，无可奈何地去买盐了。

吃晚饭的时候，丈夫忍不住又提起开发设计的事情，因为这是他第一次独立接受这样重大的任务，也是进公司以来第一次得到老总如此的器重，所以，他心里非常兴奋，又有点胆怯，渴望得到妻子的理解与鼓励，更渴望妻子能为他高兴高兴。可是，李玫却又一次打断了他的话：“我说你别尽想着自己的事好不好？孩子的成绩在倒退，你也该管一管了，你最好明天抽空去学校一趟，与他的班主任老师见个面，谈谈情况……”

于是，丈夫默默地吃晚饭，然后闷闷不乐地坐到沙发上抽起烟来。从此，丈夫在单位里不论遇到了什么事情，回家后再也不愿向妻子倾诉了，但他心里觉得很孤单。

婚姻中，做丈夫的在事业上取得了成功或成绩，愿意急于告诉自己的妻子，说明他愿意让她分享喜悦。然而，个别做妻子的并不理解丈夫的这种心理需求，她只关心“家庭内政”，一旦丈夫与她谈论单位里的种种问题时，她就会像上面事例中所提及的李玫一样，表现出令人难以忍受的冷漠态度。这种做法会很容易破坏夫妻之间的感情。

幸福的女人都会静下心来倾听丈夫的心声。当丈夫讲述自己高兴的事时，她会和他一起分享喜悦；当丈夫倾诉不愉快的事时，她会理解他、开导他、鼓励他。

做丈夫的在单位里常会遇到种种不顺心的事，有时是工作上的失误，有时是人事上的纠纷，有时是人际关系方面的烦恼，有时是其他意想不到的难题……丈夫带着迷茫和困惑的心情回到家里，急于向妻子诉说，说明他想从妻子那儿得到安慰与鼓励。这时，作为妻子，你应该做一位很好的倾听者，认真地听丈夫诉说自己的心事，即便你不会开导他，不会鼓励他，不会给他安慰，但只要你认真倾听，他就会打开心结，豁然开朗，如释重负。

一位心理学家认为，妻子所能做的最重要的事情，就是让她的丈夫将办公室里无法发泄的苦恼都说给她听。在这位心理学家看来，做妻子的应当是丈夫的“安定剂”、

“共鸣板”、“哭墙”、“加油站”或“避风港”。这样，丈夫才能把妻子当作知己一样爱着。一个好妻子，会静下心来耐心地倾听丈夫的心声，充当他最热情最忠诚的听众。

倾听，是幸福婚姻中不可缺少的一种调味剂。学会倾听，能使彼此的手握得更紧，心贴得更近；学会倾听，夫妻才能永久地相依相偎、和和美美、甜甜蜜蜜。

既然倾听丈夫的心声如此重要，那么，婚姻中的女人该如何倾听丈夫的心声呢？

第一，倾听丈夫诉说时，不要只用耳朵听，而要用整个身心加之脸上的全部表情去听。丈夫说话时，妻子应用眼睛深情地看着他，或者身体稍向前倾，脸上露出时喜时忧的表情。这样，丈夫就能从妻子专注的表情中得到鼓励，把内心的一切说完。倘若妻子似听非听，或者边听边做家务，丈夫就会欲言而止，这样就达不到好的效果了。

第二，倾听丈夫诉说时，妻子应提出问题与丈夫一起讨论，从而帮助丈夫解决难题、消除困惑，坚定他的信心。如果做妻子的只是一架“听话器”，对丈夫的诉说毫无反应，就会使丈夫觉得对你说了也没有用，久而久之就懒得再说了。

第三，倾听并不是被动听取的过程，你要抱有诚心，尝试站在对方的角度思考问题，同时不要让对方产生任何心理压力。一个女人，只有让丈夫在她面前有一种倾诉欲望，并能认真倾听他的内心，他们才能真正走进彼此心底，婚姻关系也才会更加持久。

第四，对于丈夫诉说的某些事情，妻子还必须注意保密。丈夫的诉说常常会涉及到单位里的人与事，对这些人与事，妻子必须守口如瓶。如果妻子把这些当成茶余饭后的谈资，到处传播，就可能引起种种麻烦，给丈夫带来意想不到的灾难。

总之，专注、热情而耐心地倾听丈夫的心声吧，你的丈夫也会因此而变得更加可爱，你们的婚姻也会因此而变得更加幸福、长久、稳固。

生命箴言

live proverbs

夫妻相处久了，新鲜感也日渐消失，出现了无话可说“凑合”的状态，这往往是因为众多夫妻不能适应婚姻和爱情的脱钩。这时，身为妻子，你需要调整好自己的情感需求，多多换位思考，学会倾听丈夫的心里话。当你们在适度的表达、认真的倾听中共度良宵时，那才是婚姻的一道美景、一种甜蜜、一种无法言说的幸福。

多理解，爱他就要体谅他

一位婚姻专家这样说：“男人喜欢漂亮时尚的女人，喜欢聪颖性感的女人，也喜欢温柔贤惠的女人，但在一个丈夫心里，最喜欢的还是那种善解人意的女人。因为婚姻离开了‘理解’二字就再也无法完美了。”很显然，理解对于完美婚姻而言，是必不可少的。

俄国大作家列夫•托尔斯泰曾说：“幸福的家庭都是相似的，不幸的家庭各有各的不幸。”同样，我们也可以这样说：幸福的婚姻都是相似的，不幸的婚姻各有各的不幸。而在所有不幸的婚姻中，最缺少的就是夫妻之间的理解。可夫妻间和谐相处，最重要的就是理解。

我们常听一些女人这样说：“做女人不容易，做个强女人更不容易。”其实，最不容易的是男人，男人，“难人”也。现代社会，每个男人都背负着极大的工作压力和生活压力，稍有松懈便会被职场中的同事、下属超越或取代，稍不努力就可能还不起房贷、车贷，甚至连全家几张口都喂不饱。男人既要在外边打拼事业，又要顾及家庭，实为不易。

所以，作为妻子，一定要理解丈夫的辛苦，体谅丈夫的不易。这对于你而言，也许只是花一点点时间替丈夫想想，想想他的重担，想想他的事业，想想他的处境，想想他的感受。但对于你的丈夫来说，就非常重要了，有了你的理解，他才会放下一切心理负担，毫无顾虑，轻松做事。再说，这对丈夫又何尝不是一种激励和鼓舞呢?

又何尝不是一种温情呢？

瑞涵就是一个善解人意的妻子。有一段时间，丈夫浩森为了扩展一家分公司，工作十分忙碌，每天很晚才回家，周末也没正常的休息时间。由于他每晚不能按时回家吃饭，不能陪瑞涵聊天、做家务，也没时间去顾及孩子的功课，家中的一切大小事务都由瑞涵来处理。对此，浩森心中十分内疚，对瑞涵说："对不起，我这段太忙了，没时间顾及家庭。"瑞涵却说："我不怪你，知道你很忙，事业很重要，放心去做吧，家里有我呢！"听了瑞涵的话，浩森心中充满了感激，说："夫人，你真好！总是那么理解我。"有了瑞涵的理解，浩森就放心地去干他的事业了。两年内，他扩展了好几家分公司，事业可谓蒸蒸日上。

是啊，娶了这样一位能体谅夫君的好太太，哪个男人不心存感激呢？哪个男人没干劲呢？试想，如果瑞涵不是一个善解人意的女人，那她一定会抱怨浩森冷落了家庭，冷落了她和孩子，进而搞得他情绪低落、疲惫不堪，使他无法安下心来全力以赴地投入工作。这不但会影响丈夫的事业，还可能会影响夫妻感情，这样的结果或许哪个女人都不想看到吧？

一个聪慧的太太应该明白，身边这个男人虽然是你的至爱，但作为一个独立的个体，他那颗心在属于你的同时，更多的还是属于他自己。在一个优秀男人的骨子里，事业还是胜过爱情的。所以，任何时候太太都要理解丈夫，不把他当成自己的私有财产。

俗话说："做人难，做人妻难，做一心扑在事业上的男人的妻子是难上加难。"所以，当你的老公因为埋头于事业而无暇顾及家庭，以致忽略了你时，你一定要理解他。不仅如此，你还要站在他的身旁，像护士、保姆和保镖一样安慰他、照顾他、保护他。要知道，当成功的欲望激励着他时，他对身边的任何事都会变得又聋又哑，而你就是他最好的五官。

作为妻子，如果能把善解人意作为一生的功课来做，一定会享受到完美的婚姻。比如，丈夫辛苦、劳累了一天回到家里，一屁股做到沙发上什么都不干，妻子就应该想“丈夫需要休息”，并给他递上一杯饮料或开水；再如，丈夫工作不顺利或受了上司的气，心情糟透了，回到家里动辄就想发脾气，妻子就应该避免和丈夫拌嘴，而要亲切地询问他怎么了，静静地听他诉苦，并安慰他；又如，丈夫长时间出差办事，没时间回家看望父母，做妻子的可以抽个时间替他回老家看看。做妻子能做到这个份上，哪个男人不疼不爱呢？

文燕和小宇有一次回老家看望父母，回来的时候小宇对文燕说，他把身上带着的两千多元都留给父母了。因为事先没有和文燕商量，小宇劝她不要往心里去。文燕听了不但没有往心里去，还反过来对他说：“我能理解你的这份孝心。我们欠父母的太多了，永远都还不完，现在又不能日日守在身边尽孝道，给些钱是应该的。”有了文燕的这句话，老公开心地说：“看来是我多想了。”

夫妻之间，为钱的事闹矛盾生闷气的不在少数。有的女人对自己的父母一片孝心，时不时地会给他们一些钱花，但若是丈夫也给他的父母钱，她就会与丈夫斗嘴生气。你的父母是父母，丈夫的父母也是父母啊，你有一片孝心，丈夫也有一片孝心啊。所以，夫妻想要融洽相处，和和美美，就要学会换位思考，多替丈夫想想。当你以一颗善解人意的心去体谅丈夫时，也许婚姻生活中的很多事情都是那么自然，根本没必要闹得不愉快。

生命箴言

Live proverbs

不被人理解是一件很痛苦的事，而如果连与自己朝夕相处的人也不理解自己，那就更让人感到痛苦了。因此，当我们为一些鸡毛蒜皮小事与丈夫摩擦不断时，当我们为丈夫一心只干事业而无暇顾及我们时，请先替他想想，多多理解他吧。多一些理解，就少一些矛盾；多一些理解，就少一些争吵；多一些理解，就少一些抱怨；多一些理解，就少一些指责。同时，多一些理解，就多一些和气；多一些理解，就多一些欢笑；多一些理解，就多一些温暖；多一些理解，就多一些感激。完美婚姻的最佳秘诀就是理解，理解万岁才能婚姻万岁！

多尊重，用爱呵护男人的尊严

当男人爱上女人的时候，会说，女人是他的全部。在一些新婚闹洞房的环节里，朋友们也喜欢让新郎当着大家的面答应，以后国家大事他做主，钱财家事这些小事新娘做主。这是应景的诺言，也是对爱人的尊重，可若是有女人将此作为地位的宣言，那么她将会为这个错误付出代价。因为，两个人在一起的生活，都是以平等与互相尊重作为基础的。

周六的晚上，在家看电视剧的凌子迎来了一位不速之客。她的闺蜜罗拉一脸泪容地出现在她家门口，进门后抱着她号啕大哭，说要跟男友小郭分手。因为他一点都不尊重她，竟然当着他朋友的面说她无理取闹。在她哭哭啼啼的叙述里，凌子总算弄清了事情的原委。原来，本来预计明天返回的罗拉，为了给男友一个惊喜，所以改了机票提前返回。结果到家的时候，发现她上飞机前，在电话里应承她在家看电视的男友，其实约了一帮朋友在家里看球赛，而整个家被弄得乱七八糟。她进屋后，就直接质问了他为什么要骗他？却只得到一句“无理取闹”。

等哭累了的罗拉睡去后，凌子离开家去找小郭。她到的时候，小郭正在收拾家里的一片狼藉。不过对于罗拉，他只是无奈地摇摇头，表示他不会去追回她了。他说仍然很爱她，但是这种不被尊重的生活，他觉得无法继续下去了。从相爱到现在，罗拉总是自顾自地决定他的一切，甚至连他该见哪一个朋友，都要听从她的意见。

除去爱情，他也需要有自己的生活。其实，他们一直都是轮流到朋友家看球，但是因为顾忌罗拉，所以从来没有人提过到他家。这次，因为罗拉不在家，他们才愿意到他家来一起看球。而他自己也打算好了，等明天罗拉按计划返回前，将一切恢复原样。没想到罗拉竟然会提前返回，而且当着他朋友的面前，发那么大的脾气。

翌日，罗拉醒来后，凌子在早餐时问罗拉是否真的考虑好感情问题了。

罗拉依然一脸强硬地回答，说这次小郭怎么哄她也都不会回心转意了。

凌子顺着她的话，答道："对啊，那样懦弱的男人，不要也罢。认识这么久，完全没有一点主见，从来都只会跟在你背后转。"

听到这里，罗拉不高兴了。她开始为小郭辩解，说那都是因为他爱她，尊重她。

而凌子则追问了罗拉一句："那么你爱他，你尊重他了吗？"

罗拉一时语塞。她脑海里飞快地回转自己与小郭在一起的这几年里，因为自己的蛮横而给他造成的麻烦，想起自己总是拉着并不愿意参加聚会的他参与她朋友的聚会，却总对小郭同球友们的聚会嗤之以鼻。她很快跟凌子告别说要回家了。

在我们斥责男人大男子主义的同时，女人们的"女皇姿态"也开始走向另一个极端。恃宠而骄的女人，习惯性地以自己为中心来安排自己另一半的全部生活。这种骄纵的感情，在热恋期间也许可以为感情增加调剂，但是当生活进入平淡时，这种姿态也会加快感情的裂痕。

夫妻相处，互相尊重，这是谁都懂的道理，可是具体到婚姻生活中，有多少太太能领悟它的内涵并切实做到呢？对待丈夫，做不到"尊重"二字，你还能留住他的心吗？

在一次同学的婚礼宴席上，婷婷和邻座的另一位同学小华聊天，小华说老公有了外遇，向她提出离婚，让她死也想不通的是老公怎么会看上那个女孩，那个"第三者”不论哪一方面都比不上她，尤其是容貌，和她相比差远了。于是，婷婷追问她：“你平日里对老公如何？”小华说：“对他太好了，我相信这个世界上再也没有像我一样对他好的女人了。”“那他为什么还要这样？”“我也不知道，他总说自己像个被囚禁的隐形人一样。”“他为什么这样说？”“他常常苦恼地说我不给他面子，待他的好哥们不友好；说我无视他的存在，有什么事都自己做主，从来不和他商量，对于他的想法和意见，也从来不重视；他爱踢足球，每个周日的下午都去体育场踢足球，我很想让他在家陪我，就反对他踢足球，他说我干涉他的业余生活；他还说我让他丢脸，其实我只不过是在别人夸他的时候提了他几条不是……”小华一下子说了很多，好像说不完似的。婷婷赶快阻止她：“打住！打住！”婷婷说：“我已经知道了他为什么有外遇。”小华瞪大了双眼：“为什么？”“因为你一点都不尊重他，让他感觉自己一点都不重要，让他感觉很没有男人的尊严。”“那我还有挽回的余地吗？”“有，回家向他道个歉，并保证以后会尊重他的一切，只要不违背情感底线和原则。努力争取一下吧！”

后来，小华没有离婚，并且由于懂得了尊重丈夫，日子过得越来越滋润了。

这件事让我们明白了这样一个道理：美貌只能瞬间吸引住男人的眼球，但要长久地降住男人的心，还必须给予他一份起码的尊重，维护他男子汉的尊严。

我们经常能听到一些太太这样抱怨：“我对他那么好，每天好吃好喝伺候着，什么都不用他操心，自己舍不得花的钱也花在他身上，怎么就得不到他的真心呢？还在外边沾花惹草的。”

大家知道为什么吗？婚姻走到了这一步，往往是因为女人对男人缺少应有的尊重。男人需要女人的尊重，不仅是物质上的、情感上的，更重要的是精神上的。一般来说，男人在得不到必要的尊重时便会加速对婚姻的反抗，他的心也会越走越远。

据说，东汉时有一对夫妻，丈夫叫梁鸿，妻子叫孟光。每当丈夫梁鸿回家时，妻子孟光就托着放有饭菜的盘子，恭恭敬敬地送到丈夫面前。为了表示对丈夫的尊敬，妻子不敢仰视丈夫的脸，总是把盘子托得跟眉毛齐平，丈夫也总是彬彬有礼地用双手接过盘子。这便是“举案齐眉”的由来。梁鸿和孟光这对夫妻相互尊敬、和和美美，确实让人羡慕。

中国还有个成语叫“相敬如宾”，意思是说，夫妻相互尊敬，如同对待客人一样。故事说的是春秋时一个叫郤缺的人在田里除草，他妻子把午饭送到田头，恭恭敬敬地双手把饭捧给丈夫，丈夫则庄重地接过来，毕恭毕敬地谢她后才开始用饭。丈夫用饭时，妻子恭敬地侍立在一旁，等着他吃完才收拾餐具辞别而去。

在婚姻中，也许我们做不到像古人那样的举案齐眉、相敬如宾，但彼此间相互尊重还是必要的。尊重是婚姻的最高境界，尊重是婚姻的骨架，没有了这个骨架，婚姻能不塌陷吗？

当然，也许你会问，怎样做才是尊重丈夫呢？

尊重丈夫就要尊重他的选择。所谓尊重丈夫的选择，就是不管丈夫做什么事情，只要他的行为不损害家庭的幸福，你就不要试图去阻止他，甚至教化他。你应该鼓励他、支持他勇敢地面对自己的选择——这是做一个好太太的精髓所在。

尊重丈夫就要尊重他的隐私。夫妻二人虽然每日里在一个锅里吃饭，在一张床上睡觉，但始终是两个独立的人。每个人都有自己的隐私，隐私是不愿让别人知道的事，当一个人的隐私受到侵犯时，他会感觉自己赤身裸体、毫无掩饰地站在众人面前，颜面尽失，这让他反过来喜欢你尊重你可能吗？

尊重丈夫就要尊重他的异性事业伙伴。要给对方留一席和婚外异性交往的空间，切不能一结婚就要求对方以自己为重，和所有的异性尤其是事业上的伙伴都断了往来，这只会让对方的生活空间和人际交往范围越来越狭窄，也会严重束缚对方的事业发展。

尊重丈夫就要尊重他的朋友。男人一般都比较讲义气、重情义，所以，朋友、哥们是男人生活中不可或缺的一部分。但很多太太都会认为“那样做没必要，结婚了你生命中最重要的人就是我”。这种想法很不明智，只会让丈夫失去朋友。聪明的太太会尊重丈夫的朋友，并想办法融入丈夫的朋友圈子，这样，丈夫的朋友也会尊重她、欣赏她。

尊重丈夫就要尊重他的意见。生活中夫妻难免有意见不一致的时候，这时，最好能静下心里听听丈夫的真实想法，并保留或接受他的不同意见。当你尊重丈夫的意见时，你说出来的话在丈夫心里会像蜂蜜一样甜，让他感到美滋滋的。

尊重丈夫就要尊重他的喜好和生活方式。夫妻之间，很多兴趣爱好和生活方式都不尽相同，这时候，最好不要阻止对方的兴趣爱好，不要干扰对方的生活方式，否则就会减少夫妻之间的共同语言，甚至导致感情破裂，婚姻不幸。

尊重丈夫就要维护他的自尊，不说伤他自尊的话。每个人多多少少都有些自尊心，自尊心是不可侵犯的，因此，我们一定不要说有伤丈夫自尊、有失丈夫面子的话，而要说一些能满足他自尊心、让他风光、让他感到体面的话，这样他才会打心眼里喜欢你。

生命箴言

在爱情的世界里，你的骄傲，并不会为你赢得倾慕的热情。就算是高贵无比的女王，也愿意俯下身，去呵护自己相伴一生的爱侣。

多感激，心怀感恩，携手同心

热恋的时候，男人对女人总是信誓旦旦，女人则对男人一日不见，如隔三秋，两个人就像发高烧，烧得傻里傻气，疯疯癫癫，呓语连篇。男人发誓说："我要把月亮摘下来给你梳妆！"女人相信了。男人又发誓说："我要把星星摘下来做你的项链！"女人又幸福地相信了。对于初涉爱河的女人，男人的誓言就是甜蜜的明天。

等到他们结了婚，男人的甜言蜜语再也听不到了，取而代之的是随处乱丢的臭袜子、脏衣服，女人才开始发现这个自己爱得如痴如醉的男人，原来有着这么多让人难以忍受的毛病，于是，女人就开始怀念以前恋爱时的纯净和美好……

婚前女人是崇拜男人的，婚后则慢慢习惯了挑剔，越来越觉得这个男人不如自己心意，他失去了当初高大的形象，其实不是他变了，而是自己的心态变了。

李洁和丈夫经营着两个网吧，她的丈夫讲义气，且能说会道，经营有方，生意做得不错。他最大的缺憾就是爱玩。

结婚前，李洁觉得老公有活力，跟着他总是很快乐，也让自己开朗了不少。爱玩，也是李洁之所以会嫁给丈夫的原因，但婚后，李洁却越来越烦起了老公的这个毛病。

一天，李洁出去办点事，说好了丈夫在家做晚饭。可是等她七点多回到家一看，还是冷锅冷灶，也不见丈夫的影子，打手机去问，说是从外地来了一个朋友，约他吃个饭。李洁气不打一处来，"啪"地挂了电话。

等到九点多，丈夫兴高采烈地回来了。“你个挨枪子的！就知道玩，你干脆住在外边算了！”饿着肚子的李洁看见丈夫进门就骂上了。

丈夫一听也火了，推了她一把。这一推就好像在李洁愤怒冒火的心上浇上了汽油。她扑向丈夫，与丈夫扭打在一起……结果是李洁的腿扭伤了，丈夫的脸也被她抓得鲜血淋漓。

后来，两人就闹起了离婚，在朋友的劝解下，好不容易才化解了这场战争，可是战争的硝烟仍然弥漫在二人的周围。

李洁在一次偶然的机会请教了一位婚姻问题专家，专家问她：“他的爱玩不是刚刚形成的，当初结婚的时候为什么你没觉得不好呢？问题不在于他，而在于你越来越忽略他的优点，而放大他的缺点了。要想挽救你的婚姻，你先得把心放大一些。”

婚前的女性总是喜欢把男人身上的优点放大，而生活在一起后满眼看到的都是他的缺陷，于是开始斤斤计较，四处抱怨。其实，我们都是凡人，又何必太较真呢？想想我们自己也不是十全十美的，又何必苛求于他呢？多做换位思考，站在对方的立场上想一想，如果我是他，我会怎么样呢？倘若是这样，夫妻间又何来战争呢？

其实，在旁人看来，许多令你大发雷霆的导火线都是些小得不能再小的鸡毛蒜皮。可就是因为你太拿它当回事，它最后也就真成了事儿了！是你用不正确的心态去对待它们，才让纷争进一步恶化的。最后结果常是“你死我活，痛不欲生”。

无论多么平凡的两个人，只要心怀感恩、携手同心，一切粗粝都可以变得柔和，一切不安都可以变得稳定美好。

每当你生气了，难过了，不妨心怀感恩地多去想想他的好，想想他的优点，想想他曾带给你的快乐和幸福：

你失眠时，哪怕他已经困得哈欠连天，也要哄你，让你先睡着；

他愿意大热天陪你去逛街，而且毫无怨言地将身上的钱都交给你挥霍；

一起逛公园，你累了，其实他也不轻松，但他还是把你背在了背上；

当你工作有压力或受了委屈时，他听你抱怨，开导你，借肩膀让你依靠；

大冬天，你很冷，他毫不犹豫地把外套脱给你，然后他自己哆嗦着；

他虽然稍显幼稚，但总让你的家庭欢声笑语，活力十足；

即使他没有洁癖，但起码你的家庭总能保持整洁清新；

或许他给不了你玫瑰花的浪漫，但总能让下班回家的你感觉到家的温暖和踏实……

想起这些，你的气也该消了吧？女人就是奇怪的动物，火气匆匆，来得快、消散起来也没那么难。何必非得弄得彼此都不好受呢？不管怎样，用感恩的心待他吧！你会觉得特别快乐。如果你每天都这么快乐，你老公还怎么舍得惹你生气呢？

老公，只能有一个，是不可代替的。珍惜与他在一起的每个时刻吧！虽然有些时候他没有好朋友那么理解你，但也会不同意你的想法、做法，但老公就是老公！无论欢笑和泪水，他都始终陪伴在你身边，虽然物质上他都没能完全满足你，但总是希望你是世界上最幸福快乐的女人！这样亲近的人，一生能有几个？

所以，对你的老公表示感谢吧！哪怕只是一句“我爱你”或者简单的亲吻也好。就算你与他意见不一，也要委婉充满爱心；就算你们吵架，也要相信你们会相爱到老；就算遇到比他英俊有钱的男人，也要坚定今生有他一个已足够！

生命箴言

对于爱你的那个人，请好好把握，不要以为他与你的心最近，你就觉得他为你做的一切事情都理所当然。尽量减少你的埋怨吧！你该用温暖的心去感恩，细细品味和享受他所带给你的美好与幸福！

第六章

执行力：

突破自我，闪亮职场

职场女人，独立，自强，温柔与力量交织，

职场女人，优雅，成熟，热情与活力并存，

职场女人，坚强，自信，美丽与智慧辉映。

做职场女人，思想一定要丰满，

这才是你傲人的魅力所在。

做职场女人，一定要有自己的气质，

在办公室烦躁的喧闹中，洗练一种超凡脱俗的宁与静。

做职场女人，一定要有实力，

外在的美丽只是养眼的花瓶，扎实的能力才能奏出七彩的华章。

有热情，让动力创造业绩

有一个名叫泰娜的女孩，每天早上起来的第一件事就是照镜子，她微笑着对镜子中的自己说："又是崭新的一天，多美好！"只是一句话，体现了她对生活积极、热情的态度。

热爱生活的泰娜也同样热爱工作，散发着青春激情的她始终保持着对工作的热情。有人问她是如何保持工作热情的，泰娜举了正反两方面来说明。从正面来说，"这是我的责任，必须做好，强迫自己去喜欢，逐渐尝试去做，增强工作的积极性。"从反面来说："这不是我的责任，但我有兴趣和热情，转化为责任，保持动力去工作。"泰娜说："善于挖掘乐趣很重要，你不可能对每一份工作都喜欢，但是你可以在工作中慢慢调整，在你失去的同时你又得到了什么，调整心态去欣然接受。"

勇敢、热情的女生泰娜，在这个激流勇进的社会中努力寻找着属于自己的市场，并展示出了热情喷发的无限魅力。

《工作中无小事》一书中，作者说："对于一名员工来说，热情就如同生命。凭借热情，我们可以释放出潜在的巨大能量，发出一种坚强的个性；凭借热情，我们可以把枯燥乏味的工作变得生动有趣，使自己充满活力，培养自己对事业的狂热追求。"无论在什么样的企业里，只要热爱自己的工作，并充满自信、热情地去工作，别人对你的评价会越来越高，自然会慢慢地把重要的事情交给你处理，你就会在工作中感到快乐，从而会获得不断的晋升。

热情并不是一个空洞的名词，热情其实就是成功和成就的源泉。你追求成功的热情愈强，成功的几率就愈大。热情可使你释放出潜意识的巨大力量。如果没有它，你就像是一节已经没有电的电池。爱默生说：“有史以来，没有任何一件伟大的事业不是因为热情而成功的。”一个充满热情的女人，无论做什么事情，都会怀着浓厚的兴趣，并认为工作是十分神圣的。她会竭尽全力地去工作，不管遇到多少困难，她也都会以积极乐观的态度去面对。

热情是做人或做事都不可或缺的条件，它足以吸引你的老板、同事、客户和任何具有影响力的人，它是工作成功的关键要素。对于现实生活中的人也一样，如果对工作缺乏热情，那么无论从事什么工作，都不会有突出的成就；做事如果总是平平淡淡的态度，就会在庸庸碌碌中了却此生，人生结局将和千百万的平庸之辈一样，无所作为。当热情和工作结合在一起，工作将不会那么辛苦和单调。在热情的鼓舞下，你会具备宝贵的敬业精神，不知疲倦的投入到工作中。

曾君现在是一个跨国企业的部门主管，说起她的第一份工作，她仍然津津乐道。她说那种状态就像在和工作谈恋爱，她能够每天很早就去公司报到，充满活力地开始一天的工作，她熟悉公司每个部门、每个员工的工作职责，并且能很快地找到问题的解决方法，她总是面带笑容，充满激情，每天上班就像开始了一天崭新的生活。公司的同事看到她那么卖力地工作，曾经开玩笑地问她是不是有很高的薪水？其实她当时的薪水并不高，只是内心对这份工作充满热爱，让她每天工作起来都很兴奋，即使加班、熬通宵也乐此不疲。

许多年过去了，她到了新的公司，升职加薪，更成熟地继续着自己职业生涯的发展，而这一切都归功于她的敬业精神，她对本职工作的热爱。

因为敬业，曾君成就了自己的事业。敬业者会忠于职守、尽职尽责、一丝不苟、善始善终。所以，职业女性，如果想要做好自己的工作，就先得热爱自己的工作，这样才愿意为事业献身投入，当这种喜好和痴迷逐渐形成习惯，表现在行动中，融入意识里，敬业便成了一种自然状态，无须刻意显露。

相反，那些不敬业的人往往什么工作也做不好。没有敬业精神，必然在工作中缺乏热情、不负责任、松懈怠惰、敷衍了事、怨天尤人、斤斤计较，这种人在事业上必然不会有什么大的成就。而当敬业成为一种习惯时，即使你的职业非常平凡，也同样可以赢得极高的赞誉。尊重自己的工作，对它投入足够多的热情，你会登上事业的巅峰。

硕士毕业后，小雪应聘到一家外企。她每天上班的工作就是：拆应聘信，翻译；翻译，拆应聘信。她的工作量大而枯燥，索然无味。可小雪不急不躁，一直耐心、仔细地工作。两年后，小雪被提升为人事部经理。升迁的理由是：一个名牌大学毕业的硕士生，每天千篇一律地拆信，不厌其烦地整理出有价值的信，推荐给上司，展示了她卓越的品质和良好的工作热情，因此深得上司欣赏。

总裁认为小雪能够尽职尽责，忠于职守，把自己工作岗位上的每一件事情都办得非常出色，是一名优秀的员工，而企业需要的就是这种放到哪里都能发光的人。所以，她理所应当是这一批应聘者当中的第一位升迁者。

一个人的工作态度潜藏着巨大的力量，凡是成功者对自己的工作必定都有着热爱、负责、勇于创新的态度。女性朋友们，如果你也拥有积极进取的工作态度，那么你的职场生涯定会变得熠熠生辉。

生命箴言

伊尔说："离开了热情是无法做出伟大的创造的。离开了热情，任何人都算不了什么；而有了热情，任何人都不可以小觑。"我们应将这份热情全身心地投入到工作中去，把它当作一种使命来完成它，以此发挥它最大的力量。

多付出，你的努力终有回报

大家都知道“天下没有免费的午餐”的道理，如果要想出人头地，就得辛苦付出。但遗憾的是，有许多人仍然不动手去做，仍然梦想奇迹会发生，仍然想不劳而获。

大多数老板都是十分精明的，他们都希望拥有更多优秀的员工，期望优秀员工给企业带来更多的价值。如果你能够努力付出，尽力完成自己所能完成的工作，那么总有一天，你能够在众多员工中脱颖而出，赢得自己想要的生活。

没有耕耘就没有收获，没有付出就不可能有回报，这是一条千古不变的真理。

很多人经常埋怨公司的福利待遇不够理想，但从来没有想过自己是否为公司创造了价值？创造了多少的价值？这种不愿付出却又指望得到高回报的思想，永远不可能如愿以偿。在市场经济的条件下，企业作为一个以利润以目标的经济组织，任何企业的人力资源战略都必须服从于一个基本的“投资回报”的原则，也就是说，企业在考虑支付员工报酬的时候，必然要权衡员工对公司的劳动付出以及他为公司所创造的价值。从这个意义上说，任何员工想要得到更高的报酬，就必须要为企业创造更大的价值和利润。毕竟天下没有免费的午餐。下面的这个小故事同样发人深省。

从前，有一位爱民如子的国王，在他的英明领导下，人民丰衣足食，安居乐业，国富民强，连外敌也不敢来骚扰。

深谋远虑的国王却担心当他死后，人民是不是也能过着幸福的日子。于是他召集了国内的有识之士，命令他们找到一个能够确保人民生活幸福的永世法则。

三个月后，学者们把三本十寸厚的帛书呈给国王说："国王陛下，天下的知识都汇集在这三本书内，只要人民读完它，就能确保他们生活无忧了。"

国王不以为然，因为他认为人民不会花那么多时间来看书。所以他再命令这班学者继续钻研。

一个月后，学者们把三本简化成一本。国王还是不满意。

又过了一个月，学者们把一张纸呈给国王。国王看后非常满意地说："很好，只要我的人民都能真正按这张纸上所说的去做，我相信他们一定能过上富裕幸福的生活。"说完后便重重地奖赏了这班学者。

原来这张纸上只写了一句话：天下没有不劳而获的东西。

确实，天底下哪有不劳而获的东西，唯有肯付出血汗与时间者，才能享有成功的果实。

在现实中，有些女人工作从来不尽全力，尤其是现在的很多年轻女人都娇生惯养惯了，即使踏入了社会，走上了工作岗位，还是不会主动去拼搏，更不用说全力以赴了。

虽然如此，在她们懒散的行为下却还有一颗充满理想的心，她们整天做着不同的美梦，可能是幻想某天可以成为人人惊羡的女老板；也可能希望自己突然中了彩票，成了富婆；有的还做着有朝一日能嫁入有钱人家的"白日梦"……这是时下许多年轻女孩的通病。也许有梦想是好的，但是前提是这些梦想能够激发我们的斗志，让我们愿意为之努力拼搏、全力以赴。

那些所谓的女强人们，没有谁的成就是坐等而来的，更不是幻想得来的，她们的成功都是一点一滴的心血和汗水拼凑起来的。

撒切尔夫人说："我将每一分钟看作60秒冲刺赛。"

为了自己的政治梦想，撒切尔夫人结婚后开始攻读法律，因为知晓法律在参选议员时有很大的作用。在1953年，也就是她的双胞胎儿女出生的那一年，撒切尔夫人成功取得了当律师的资格。

在作为在野党预备内阁人士时，撒切尔夫人不断搜集数据与信息，最终以无法反驳的语言击败了对手。

后来，为了保守党领袖的竞选，撒切尔夫人马不停蹄地到全国各地进行演讲，在此期间，她每天总是早上7点起床，一直忙到次日凌晨两三点多钟才就寝。

在英国，当选的首相在一般情况下会在一昼夜间公布其新内阁22名阁员名单，否则的话就会被视为不正常。为此，撒切尔夫人在入主唐宁街的第一天，就必须要全力以赴地完成这一项艰巨的任务，她以惊人的工作效率，仅用一个周末的时间，就把22名阁员和约60名阁僚任命完毕。

这就是撒切尔夫人，不管她做什么工作，都会拼命付出，全力以赴做到最好。

而跟撒切尔夫人具有同样品质的美国女政客希拉里，对自己的梦想和工作也是毫不懈怠。

1998年秋天，希拉里开始考虑竞选纽约州参议员。她全身心地投入到了马不停蹄的竞选活动中去。她周游美国，足迹遍及全美20个州，参加了大约50场募捐会议，在34场群众集会上发表演说，募得了上千万美元。这看起来有点疯狂，但是却是英雄般的疯狂。

克林顿曾在电视采访中说到："希拉里什么工作都做得来，我在政界找不到比她更能干的人，包括我自己在内。她甚至曾打算不参选参议员，她在竞选问题上是十分矛盾的，可无论她接手什么工作，她都会全力以赴做到最好。"

不要认为自己是女人，就可以放弃拼搏，就算是女人，也应该堂堂正正地靠拼搏和付出立足于天地之间。如果你不是天生含着金汤匙出生的有钱人家的公主，那么你除了拼搏和奋斗，没有其他的选择。你要相信，只要你愿意付出汗水，总有一天你会得到回报的。

钟革惠是深业地产公司市场营销部经理，她从事房地产行业已有13个春秋，经历房地产市场的数次高峰与低谷，品味了其中的酸甜苦辣，她却以感恩之心享受着工作带来的快乐。居者有其屋是大多数人的梦想，房地产工作正是实现大家居住的梦想，创造宜居的城市居所。中国的房地产市场不断地走向成熟，她也从稚嫩走向成熟，逐渐具备与团队一起行动的协调性，乐观的接受，不懈的努力去实现心中的梦想，通过工作使人生丰富多彩。

13年的地产职业经历让她深深体会到，从事一项工作需要激情与能量，能量能激励自我，燃烧激情。能量的来源是热爱本职工作，无论从事什么岗位，只要全力以赴地去干就能产生成就感与自信心，就会产生向下一个目标挑战的积极性，在这个过程的反复中会更加热爱工作。

生命箴言

也许有很多女人会想：我运气没有别人好，我也不够聪明漂亮，为什么还要那么辛苦去争呢？这种想法是极其错误的。因为每一个光明的前途，每一份事业的成功都是女人拼搏出来的。女人们一定要相信付出才会有回报，幻想是不可能实现目标的。只有经历过汗水的浇灌，成功之花才会开得越发艳丽。

负责任，多一份责任，多一次机遇

美国著名心理学博士艾尔森曾经对世界前100名杰出人士做过一项问卷调查，结果让他十分吃惊：其中61%的成功人士承认，他们所从事的职业并不是他们最喜欢做的，至少不是他们心目中最理想的。

一个人竟然能够在自己不大喜欢的领域里取得成功，除了聪明和勤奋，靠的还有什么呢？

带着这样的疑问，艾尔森博士走访了多位商界精英。其中，纽约证券公司的金领丽人苏珊极具代表性的经历，给了他一个满意的答案。

苏珊出生在中国台北的一个音乐世家。她自幼接受良好的音乐教育，本身也酷爱音乐，她的人生理想也是成为一名音乐人。但是她却阴差阳错地考进了大学的工商管理系。尽管她不喜欢这个专业，但是也不肯落在别人后面，所以每学期各科成绩都是名列前茅。大学毕业后，她以优异的成绩被保送到美国麻省理工学院，攻读MBA，又拿到了经济管理专业的博士学位。

如今她已经是美国证券业界的风云人物，但是她心里仍然为没有成为音乐人而遗憾。她说：“至今我仍然不太喜欢我所从事的工作，如果让我重新选择，我还会选择音乐。这只是个不能实现的梦想，还不如做好现在的工作。”

艾尔森博士问她：“你不喜欢这个专业，怎么能学得这么好？不喜欢这份工作，却能做得如此出色？”

“因为我在这个位置上，必须认真对待这份工作，对工作负责，也是对自己负责。这跟我喜不喜欢这份工作没有关系。”

之后，艾尔森又走访了几位成功人士，他们能在自己不喜欢的领域取得卓越的成绩，除了聪明和勤奋，靠的是一种认真负责的态度。

在公司这个大家庭中，虽然我们每个人的岗位不同，所从事的工作也不一样，但我们都应承担起自己应有的责任，这是做人、做事最基本的原则。当我们增添了一份责任感，在为公司的发展出一份力时，实际上也就等于是为自己提供了更多的提高和成长的机会。

在工作中责任感强，承担的责任多，一方面体现了你出色的能力，另一方面，你会因此得到更多除薪水以外的资源财富。任何一家企业的老板，都喜欢这样的员工，信任这样的员工，他们会给予这样的员工以更大的责任和使命。理所当然地，这种负责任的员工会得到升职或者金钱等各个方面的奖励，他们的理想与抱负便因此得以实现。

承担的责任越多、越重，被提升的机会就越多。所以，我们在工作中，要勇于承担责任，主动为自己设定工作目标，并不断改进方式和方法。对于大部分员工的职位而言，报酬和职位与他所担负的责任有着直接的必然关系，而那些最可爱的员工，总是让自己的肩头担负起更多的责任。

有一位女青年，高中毕业来北京打工。就在她身上的钱所剩无几时，工作依然没有着落。万念俱灰、走投无路的她，打好行囊准备回家，正要出门赶车去火车站时，一位朋友打来电话，说帮她找了一份在汽车销售公司的工作，让她明天上班。

她百感交集，热泪盈眶，在这个繁华的都市里，她终于可以落脚了。她对这份得之不易的工作十分珍惜，尽管做的是前台接待，同时还兼做公司的很多杂务，工资也不高，但她工作认真负责，对没整理好的材料，经常一个人自愿留下来加班，直到处理完毕。

有一天，她正欲锁门时，却接到一个传真。那是一份来自英国的传真，只有高中学历的她，仅仅只认得其中不多的单词，至于内容，她全然不懂。她打电话给老板，可老板关机。

她本打算第二天上班再交给老板处理，可机警的她正欲出门时，忽然意识到英国和中国的时差问题，说不定对方还等着回传呢。于是她坐下来，拿起英汉辞典及汽车专用英汉辞典翻译起来。搞懂意思后，她又用蹩脚的英语回了传真。回家后，她一夜没睡好觉，这么大的事，没经老板批准就独自做主回了传真，真担心老板会怎么处置她。

谁知，第二天上班老板欣喜若狂，是她及时给英方回了传真，才使得他们在其他几个同样接到英方传真的中方公司之中抢了先机，为公司争得了开张以来的首单大宗生意。

她"多负"的一份责任，给公司带来了一笔可观的利润，而她本人也得到了一份不菲的奖金。从此，她一路走来，如今已是年薪70万元的营销总监。

在需要你承担责任的时候，勇敢地去承担它，这时你才有望抓住机会。"这不是我的错。""我不是故意的。""是他让我这样做的。""这不是我干的。""本来不会这样的，都怪……"推卸眼前的责任，就等于失去了勇于负责的精神，这样的人，能力得不到发挥，潜力得不到挖掘，前程也不会光明。

任何一个企业里的领导者都清楚，能够勇于承担责任的员工，能够真正负责任的员工对于企业的意义。问题出现后，推诿责任或者找借口，都不能掩饰一个人责任感的匮乏。这样做的结果最终会让你无法晋升，甚至将会丧失工作的机会。

只要人人都有责任心，企业就能兴旺。我们每一个职工，都应该珍惜现有的岗位，克服短期行为和雇佣思想，爱岗敬业，认真履行职责，扎实做出成绩，把效益搞上去，与企业同呼吸、共命运，真正把“公司兴亡，人人有责”与自己的人生价值联系起来。只有这样，企业和职工才能“双赢”。

在一家知名企业中，刚刚招聘了一个新的销售业务员。当她被公司派到外省去做销售员的时候，所碰到的第一件事情就是前任销售人员所留下来的一笔欠款。本来她也可以不去理会这笔欠款，重新开拓属于自己的业绩，但她还是决定要把欠款收回来。正是这种勇于承担责任的精神，使她走了一条非常杰出的旅程，虽然这条道路是困难的，但这条道路却是一直往上提升的。

她用了很长的时间，通过各种努力，历经许多挫折，终于在40多天后追回了这笔债务。她写道：“经过40天的斗智斗勇，终于追回了属于我们的货款。”从“我们的货款”可以看出，她已经把企业和自己连成了一体。也正因这种我也是主人的心态与意识，让她不久后就成为了企业分公司的销售总监。

作为一名员工，我们有责任让我们的产品达到更高的标准，我们有责任让我们的企业更成熟、更完善。但是在很多时候，承担责任无异于承担风险，有时甚至要蒙受委屈。承担责任还需要有顾全大局的“弃我”精神做支撑，只要是为了整个团队的利益，勇敢地承担责任、解决难题、化解危机，你自然就等于是为自己创造出了晋升的机会。

多一份责任，就多了一份机会。责任向来都是与机会携手而行，机会永远隐藏在责任的身后，等待着我们去把握。具备高度责任感的员工，会在自己的位置上，切实领会“认真负责”四个字的重要性，踏踏实实地完成自己的任务。不论领导是否在场，都能兢兢业业。只要用忠心和热诚播撒责任的汗水，那么，你就一定会收获累累硕果！

生命箴言

没有责任就没有机会，责任越大机会就越多。如果你是一个负责任的员工，那么问题就绝不会长期存在于你的面前；如果你是一个认真的员工，失败也绝不会长期死死缠绕着你。方法总比问题多，责任加上认真，天下就再无难事。

重细节，工作中多一些细致与耐心

人生由细节构成，事业由细节构筑，细节中往往包含着决定成败的因子。一个女人如果能养成处处认真、谨慎细心的工作习惯，那她也就握住了成功的脉搏。

A小姐和B小姐都是某知名企业的公关员，因为最近老总有计划要裁员，A小姐和B小姐都在工作上较起了劲。一段时间后，公司决定为一个即将启动的项目举办个剪彩仪式，一切工作就都交给A小姐和B小姐负责，这也是对她们俩的一次变相的考验。剪彩仪式上，两人的表现都很精彩，不过最后老总还是在一个小细节上判定了两人的胜负。那天的仪式，原定由五位市里的领导剪彩。当五位领导被请上台后，老总发现台下还有一位相当级别的领导也来了，于是又把这位领导也请上台一同剪彩。A小姐急得眼泪差点掉下来：这可要出洋相了！关键时刻，B小姐却从手袋里又拿出一把剪刀递上去。六位领导喜气洋洋地剪完了彩，皆大欢喜。三天后，人事部下了一个通知：A小姐走人，B小姐升任公关经理。

A小姐和B小姐的成败，就系在了一个小小的细节上。一个看似不起眼的细节，你把它处理好了，可能就会得到一份意外的惊喜。所以工作中，我们一定要注意培养细心谨慎的习惯，为未来的事业打基础。

米开朗奇罗是人类史上最杰出的艺术大师之一。但无论是雕刻还是绘画，他的速度都不是很快，因为他注重细节，对任何一处细小的线条、色调，他都要花费许多时间仔细琢磨、推敲、揣测，力求达到最好的效果。

一天，友人拜访米开朗奇罗，看见他正对着一个雕像发呆，似乎他自己也成了一座雕像。

“你的作品还没有完成吗？”朋友忍不住对米开朗奇罗说。

“没有，还剩下最后的修饰！”

过了一段日子，友人再度拜访，看见他仍在修饰那尊雕像。

友人似乎有点不耐烦了，他说：“这么长时间了，看你的工作似乎没有什么进展，你每天都干什么了？”

米开朗奇罗回答：“我一直在整修雕像，你不觉得它的眼睛更有神、肤色更亮丽、肌肉更有力了吗？”

友人说：“这些都只是一些小细节啊！”

米开朗奇罗说：“不错！但是这些细节处理得不妥当，雕像就难以达到完美。”

看上去微不足道的细节往往会影响一件事情的大局。我们没有任何理由拒绝关注细节，就如同一个女子不能容许脸上沾染一点墨迹一样。

“细微之处见精神”，微小而细致的细节不会在竞争中显得那么大张旗鼓，可以取得立竿见影的效果，但是它有着自己的独特精神。小事的竞争，就像春雨润物，无声无息又潜移默化。在科技发展达到相当水平的今天，大刀阔斧地干就可以大大超越别人的年代已经一去不复返了，决定竞争胜利与否的因素，往往就是一点一滴的工作细节。也许一丝一毫的差别并不大，但可能就是一丝一毫的差别，铸就了用户对品牌的认可，这就是小事的魅力。对于员工来说，对待小事就是我们走向成功的做事态度，做大事必重小事，这就需要我们在小事上下工夫。

一名法国人到上海参加商务会谈，入住一家五星级酒店。早晨，这个法国人准备吃早餐时，一位女服务员微笑着和他打招呼“早上好，史密斯先生。”法国人感到非常惊讶，也非常高兴，因为他没有料到这个服务员竟然知道他的名字。在服务员的带领下，法国人来到餐厅就餐。用过早餐后，服务员端上了一份酒店免费的点心。法国人对这盘点心奇怪的样子很好奇，就问服务员“中间这个绿色的东西是什么？”那个服务员上前看了一眼，后退一步并做了解释。当客人又提问时，她上前又看了一眼，再后退一步才作答。原来后退一步是为了防止她的口水溅到食物上。法国客人对这种细致入微的服务非常满意。

几天后，当法国人处理完公务准备退房离开时，服务员把单据折好交给这位客人，说“谢谢您的光临，史密斯先生，真希望不久就能第三次见到您。”

原来，这位客人在半年前来上海时住的就是这家酒店，只不过上次只住了一天，所以对这个服务员没什么印象，而她居然还能记得这位客人。

后来，这位法国客人每次来到上海都住在这家酒店，而那位服务员的服务依然是那么细致入微。当这个法国人最近一次入住这家酒店时，发现当年的那位服务员已经是酒店的客房部经理了。

小事蕴藏着巨大的能量，看不到小事，或者不把小事当回事的员工，对工作缺乏认真的态度，对自己的任务只能是敷衍了事。这类员工无法把工作当作一种乐趣，而只是当作一种不得不受的苦役，因而在工作中缺乏工作热情。他们永远只能做别人分配给他们做的工作，甚至即便这样也不能把事情做好。而注重小事的员工，不仅认真对待工作，将工作做好，而且注重在做小事的过程中找到机会，从而使自己走上成功之路。

小田千惠是索尼公司销售部的一名普通接待员，她的工作职责就是为往来的客户订购飞机票、火车票。有一段时间，由于业务的需要，她时常会为美国一家大型企业的总裁订购往返于东京和大阪的车票。

后来，这位总裁发现了一个非常有趣的现象：他每次去大阪时，座位总是紧邻右边的窗口，返回东京时，又总是坐在靠左边窗口的位置上。这样每次在旅途中他一抬头就能看到美丽的富士山。

"不会总有这么好的运气吧？"这位总裁对此百思不得其解，随后便饶有兴趣地去问小田千惠。

"哦，是这样的，"小田千惠笑着解释说，"您乘车去大阪时，日本最著名的富士山在车的右边。据我的观察，外国人都很喜欢富士山的壮丽景色，而回来时富士山却在车的左侧，所以，每次我都特意为您预订可以一览富士山的位置。"

听完小田千惠的这番话，那位美国总裁内心深处产生了强烈的震撼，由衷地称赞道："谢谢，真是太谢谢你了，你真是一个很出色的雇员！"

小田千惠笑着回答说："谢谢您的夸奖，这完全是我职责范围内的工作。在我们公司，其他同事比我更加认真呢！"

美国客人在感动之余，对索尼的领导层不无感慨地说："就这样一件小事，贵公司的职员都做到这么认真，那么，毫无疑问，你们会对我们即将合作的庞大计划尽心竭力的，所以与你们合作，我一百个放心！"

令小田千惠没有想到的是，因为她的认真，这位美国总裁将贸易额从原来的500万美元一下子提高至2000万美元。

更令小田千惠惊喜的是，不久她就由一名普通的接待员提升至接待部的主管。

几乎所有的员工都胸怀大志、满腔抱负，但是"冰冻三尺，非一日之寒"，成功不是骤然而起的，而是由点点滴滴细微的工作凝聚而成的：从对客户拜访的每个微笑至换位思考为客户着想；从数据的周全准备至严密的逻辑思维分析；从各部门相互协调配合到各自岗位上的小事处理的完善。只有小事做好了，才有公司制度的健全与完善，才能在平凡的岗位上创造出最大价值。“以管窥豹，可见一斑”。我们往往可以从生活中的一些细枝末节的小事洞察秋毫，从而感悟到一个人、一个企业、一个国家乃至一个民族的内在精神。

生命箴言

小事不能小看，细节方显魅力。以认真的态度做好工作岗位上的每一件小事，以责任心对待每一个细节，就能取得比别人更丰厚的工作成绩，就能在平凡的岗位上创造出巨大的价值。

勤思考，用智慧解决问题

在成群的蚂蚁中，大部分蚂蚁都是在争先恐后地寻找食物、搬运食物的，可以说是相当勤劳。但有少数蚂蚁则整日东看看，西望望，似乎无所事事，什么活也不干，它们就是懒蚂蚁。那么，这些懒蚂蚁在蚂蚁队伍中有什么作用呢？

科学家们做了下面的实验：他们在这些懒蚂蚁身上都做上了标记，然后断绝蚁群的食物来源，并将蚂蚁窝破坏掉。在随后的观察中发现，在这种情况下，那些勤快的蚂蚁都不知所措，一筹莫展，而此时懒蚂蚁则挺身而出，带领伙伴们向自己侦察到的新食物方向转移，并顺利地建起新的蚁窝。

接着，实验者把这些懒蚂蚁从蚁群里抓走。结果发现，剩下的蚂蚁都停止了工作，乱作一团。直到他们把那些懒蚂蚁放回去之后，整个蚂蚁群才又恢复到井然有序的工作和生活状态。

从实验看来，绝大部分忙忙碌碌、任劳任怨的勤快蚂蚁，根本离不开那些为数不多的懒蚂蚁。懒蚂蚁善于运用头脑分析事物，把大部分时间都花在了“侦察”和“研究”上，能在环境发生变化时起到引导作用，具有使蚁群在困难时刻存活下来的本领。显而易见，懒蚂蚁在蚁群中有着举足轻重、不可替代的地位和作用。

在蚁群中，勤有勤的原则，懒有懒的道理，勤与懒是相辅相成、缺一不可的。但是相比之下，蚁群中的懒蚂蚁要比只低头干活、不抬头看路的勤快蚂蚁重要得多。因为，懒蚂蚁能看到蚁群面临的问题和解决问题的办法，是蚁群赖以生存的组织者和指挥者。

这一法则同样适合人类。在现实生活中，很多女孩子在毕业后，各自走向工作岗位，有的很快升职加薪，而有的却总是原地踏步，甚至无法适应工作，频频更换岗位。还有的觉得自己的付出与回报不成正比，因而总是在不断地抱怨。有人可能说，因为不同的人机遇不一样，所以，会有这样的差别。其实，不同的女人有着不同的职场命运，很大程度是由她们的思考能力所决定的。

一般来说，善于思考的人，通常会比那些只是按部就班、不假思索工作的人更容易得到上升的机会。学习的通俗解释是“站在巨人的肩膀上”，前人通过实践总结的经验，后人可以通过学习去理解，这就是站在巨人的肩膀上。问题在于，你在学习的过程中是否做到了认真思考、融会贯通并指导实践？曾经有个朋友是一个爱思考的人，在起点时，就已经赢了。

在工作中，如果我们每个女人都能发扬勤于思考的工作作风，对工作抱着极端负责的态度，克服敷衍了事的工作心态，就能在工作中占据主动位置，不会因为这样或那样的困难而阻碍了工作热情。

如果你没有勤于思考的工作习惯，那么你一定很害怕工作，因为工作不一定是千篇一律的，不一定每次都是不用操心就能轻松应付的事。面对困难，自己不思考解决的办法，而是一味地依靠同事或领导，不会让自己得到更快的进步的。

聪明的女人都了解，任何一个公司都希望看到自己的员工在工作中勤于思考，因为这是完成工作计划中非常重要的一环。这个世界不缺会干活的人，缺的是会思考的人。任何一个公司在做一件事情之前，如果决策层没有认真地进行思考，这件事情就不会做得非常出色。而我们在工作中也是如此，如果自己不主动进行思考，也很难做好自己的工作。

所以，聪明的女人不会让自己成为工作中的“无心懒人”。同样是每天朝九晚五，按照公司的各种流程工作，但是失去了“思考”，我们就会变得懒惰，错失了看见新事物的机会，丧失了发现机会的能力，所做的工作也只是简单的复制。在这种情况下，工作自然没有任何乐趣而言，更谈不上什么工作成绩、升迁或者发展了。

美国鞋业大王罗宾维勒说：“一个好的建议，能给企业带来巨大的效益，同时也能给自己带来更多的发展机会。”的确，没有什么比为公司着想的建议更令老板欣赏的了。那些为了不爱动脑而保持沉默的员工，是最令老板感到不满的人；凡事都点头称是，一切都处理得不好不坏的人，在老板的心目中，最多是个应声虫。因此，适当地提出一些大胆的建议，可以让你在老板心目中的地位水涨船高。

一个旅馆的经理，对旅馆的一些物品经常被住宿的客人顺手牵羊感到头痛，却一直拿不出很有效的对策来。他嘱咐下属在客人到柜台结账时，要迅速派人去房内查看是否有什么东西不见了。结果客人都在柜台等待，直到房务部人员查清楚了之后才能结账，不但结账太慢，而且面子挂不住，有的客人下一次再也不住这个旅馆了。

旅馆经理觉得这不是办法，于是召集各部门主管，让大家想想有什么更好的法子能制止客人顺手牵羊。几个主管围坐在一起苦思冥想。一位年轻主管忽然说：“既然客人喜欢，为什么不让他们带走呢？”旅馆经理一听瞪大了眼睛，这是哪门子的馊主意？

年轻主管挥挥手表示还有下文。他接着说：“既然客人喜欢，我们就在每件东西上标价，说不定还可以有额外收入呢！”

大家眼睛都亮了起来，兴奋地接计划进行。

有些客人顺手牵羊，并非蓄意偷窃，而是因为很喜欢房内的物品，下意识觉得既然花了这么贵的住宿费，为什么不能取回家做纪念品，而且又没明白规定哪些不能拿，于是，就故意装糊涂拿走一些小东西。

这家旅馆给每样东西都标了价，说明客人如果喜欢，可以向柜台登记购买。在这家旅馆内，忽然多出了好多东西，像墙上的画、手工艺品、当地特色的小摆饰、漂亮的桌布，甚至柔软的枕头、床罩、椅子等用品都有标价。如此一来，旅馆里里外外都布置得美轮美奂，给客人们的印象好极了。这家旅馆的生意越来越好！

这位年轻的主管就是能够主动思考，用智慧为企业解决问题的员工，这样的员工，是企业不变的期待。

任何人都不是万能的，都有自己的弱项和局限性，单凭一个人的力量不可能把企业带上高峰。所有成功的企业老板都喜欢其他的人能多给自己一些有益的建议，以弥补自身的不足，促进企业的发展。这就是为什么老板们都喜欢用思想工作的员工的原因。

生命箴言

作为企业发展的智慧源泉，员工有责任要求自己在工作中融入自己的思想，从而更出色地完成任务。企业都喜欢具有创造力的、善于动脑的员工，不能够为企业创造价值的员工只能被无情地淘汰出局。

顾大局，同舟共济，协力前行

如果你是一名初涉职场的女性，当你进入一家公司之后，就好像上了一条船，你的命运就和船紧紧地捆绑在一起了，你必须把上司和同事视为同舟共济的伙伴，同呼吸、共命运。或许你只是这个公司或企业的一分子，但如果有无数个这样的你，便会撑起公司的半边天。

企业和员工的关系就是“一荣俱荣，一损俱损”。不管最开始是员工选择了企业，还是企业选择了员工，既然成为企业的员工，就应该竭尽全力为企业作贡献，与企业共命运。那些能够与企业共命运的员工是企业的“福将”，更是一笔宝贵的财富。

五年前，刚刚毕业的李然只身南下，通过招聘会她到了一家计算机软件公司，负责某软件的开发。这家公司规模小得不能再小，她之所以愿意去，一是背井离乡急于安身，二是因为老板的热情和真诚。

办公室是一间废弃的地下室，阴暗、潮湿，天一下雨，天花板上凝聚而成的水滴便会不断地往下流，地下室里甚至连个厕所也没有，并且出门就是大排档，油烟灌进来熏得人直流眼泪。

当时，公司的产品市场前景看起来很好，但却打不开市场，公司连工资都无法按时发放。3个月后就有员工动摇了，李然也一样，但是一看到老板每天没日没夜地奔波和诚恳的眼神，她又不忍心开口了。她知道创业的艰辛，公司也是迫不得已。

她想，反正自己还年轻，就算帮帮老板，即使以后公司垮了，也算积累点人生经验。不久，公司资金链条断裂，走到了绝境，只剩下她和老板两个人。看着老板年轻而憔悴的面容和孤独而坚定的背影，李然反而坚定了自己的信念，她对公司的使命感和老板已经没有区别，她决定和公司风雨同舟，充分发挥自己的才智，将公司支撑下去。

她坚定地对老板说："什么也不用说，只要公司存在一天，我就不离开这里。"老板红了眼圈，后来，她和老板成为真正的患难之交。

李然全身心地投入到新软件的研制中去，吃住在公司，半年后公司终于推出了全新的产品，并得到了客户的肯定，愿意先付款。软件上市后供不应求，公司终于掘到了第一桶金。又过了半年，老板筹措到了新的资金，公司得以重新运转，局面开始峰回路转，有家投资公司看中了这家公司的新型财务软件，一举投入了大量的资金。

接下来，公司开始招兵买马，短短的两年时间，就成为行业内大名鼎鼎的软件公司。李然自然也被提拔为公司的副总兼技术总监，并拥有了公司30%的股份。

当公司陷入困境的时候，有多少员工能够像李然那样坚持下来？当企业遇到困难的时候，为了生存，员工常常各奔东西。对于企业来说，最重要的不是核心技术，也不是品牌，更不是成本，而是人才。如果你对公司的忠诚增加一分，别人对你的尊敬和信任也会增加一分，你就能赢得人们的信赖。那些三心二意，只想着个人得失的员工，就算她的能力再出众，公司也不会委以重任。

一家生意不错的旅游公司被竞争对手抢去了大部分的业务。旅游旺季到来之时，这家旅行社以往的签约顾客居然一个都没有来。旅行社陷入了前所未有的危机。

老板觉得很对不起公司的员工，因为该旅游公司的员工大部分都是刚毕业的女孩子，不仅在这个城市里没有牢固的经济基础，一旦失去了工作，生活都会没有着落。于是，他非常诚恳地说："公司的资金出现了周转困难，现在如果有人想辞职，我会立刻批准，但要在平时，我会挽留，如今我已经没有理由挽留大家了。现在给你们发两个月的薪水，在你们找到新的工作之前，这些钱可能还够用。"

"老板，我不走，我不能在这个时候离开。"一个女孩说。

"老板，我们一定会战胜困难的。"另一个女孩说。

"是的，我们不会走的。"很多的女孩都在说。

这家旅行社并没有倒闭，员工们积极地为公司献计献策，就这样他们共同渡过了难关，后来这家旅行社甚至比以前做得更好。

一个企业的兴衰和每个员工的切身利益息息相关。我们必须懂得，企业是每个员工生存的空间，是我们发挥才智的舞台，是我们发展前进的依托。只有企业生存发展了，才有我们自身的生存和发展；只有企业兴旺发达了，才能更好地实现我们自身的价值。

职场本身就充满着各种利益的矛盾，如全局利益和局部利益、整体利益和个人利益的矛盾等。由于人们各自的世界观、人生观、价值观的不同，在处理职场的各种关系和矛盾上便出现了差别。

只有那些懂得维护公司利益的女人才是最聪明的员工，因为她不单是为了得到老板的赏识，而是把整个公司的发展摆在了第一位。

杰西卡本来只是一位很普通的流水线工人，她依靠自学完成学业后，被破格调到了公司的宣传部工作。进入宣传部后，她十分敬业，认真地干好上司吩咐的本职工作，很快就得到了上司的信任，提升为宣传部的采购专员。

杰西卡每年都会被评为优秀员工，还不仅是因为她能够按时完成工作，更因为她在为公司节省开支方面所作的贡献。每当购买办公用品的时候，她为了寻找到价廉物美的办公用品，总是跑遍几个街区，能省就省，与合作方讨价还价，把公司开支压至最低。

办公室的很多人对她的做法总是“不屑一顾”，都说她是个迂腐的人，说“她给公司省钱自己却得不到一分钱”。但杰西卡面对这些评价却说：“既然老板相信我，我就得为公司着想，花小钱办大事。”

因为杰西卡懂得维护公司利益，老板十分赏识她，不久后，她就被升至宣传部经理。

作为企业中的一员，公司的利益其实也是个人的利益。将身心彻底融入公司中，尽职尽责，处处为公司着想，这样的员工不管在哪家公司都会有很好的发展，都会得到老板的信任和赏识。就这个角度而言，维护公司利益就等于维护个人利益，无论何人，也无论何时何地，都应遵循这一原则。

生命箴言

优秀的职场女性一定会把公司的利益放在第一位，无论何时何地，都会最大限度地去保护和维护公司的利益。只有那些懂得维护公司利益的女人才是最聪明的员工，因为她不单是为了得到老板的赏识，而且把整个公司的发展摆在了第一位。

第七章

平静力：

安定从容，豁达人生

女人的恬静，犹如清澈河水那样，
静谧、深沉，
宛如夏夜里蓝天那样，
温柔、宁静。
女人常常含着微笑，
在恬静中回忆繁花绿草相映的春天，
在深沉宁静的春宵夏夜，
一片云，一颗星，一阵微风，一片月光，
都是甜蜜，都是美。
人生，便在无数个甜蜜的日夜和峥嵘时光中，
走过一圈又一圈的年轮。

不狭隘，女人要有一颗通达的心

福克斯说得好："只要你有足够的爱心，保持尊重和宽容的心态，你就可以成为全世界最有影响力的人。"是的，没有人会拒绝一个宽容的女人，也没有人不愿与宽容的女人做朋友。因为但凡有宽容胸襟的女人，其心中必然是温暖和风，清风明月，全无半点瑕疵、晦暗的东西。

倘若一个女人今天记恨这个，明天记恨那个，那么她的朋友会越来越少，对立面越来越多，这会严重影响女人的人际关系和社会交往，使自己成为"孤家寡人"。

是的，我们必须承认要做到宽容很难，因为活在这个世界上，不管我们愿意与否，都会经历这样那样的不如意。亲友感情不睦，邻居相处不和谐，同事之间不团结，朋友之间的误会，都有可能使女人陷入悲伤、痛苦的感情沼泽，气愤、怨憎的情绪也会随之滋生。女人在憎恨别人的同时，也在自己的心灵深处种下了一粒苦果，不断地伤害着自己的身心健康，而且面对大小琐事，倘一一计较，便会心累至极。不分昼夜地为他人而生气，待心情回转过来，再去作一番分析，便会发现原属不值，亦不必。因此，女人应以宽容的态度谅解别人的过错，消除彼此之间的误会，化解矛盾，从而使自己始终保持舒畅的心情生活与工作。这样，宽容的是别人，受益的却是自己。

宽容别人，从根本意义上是为了自己，当一个女人懂得了宽容的意义时，必定会获得一份从容和超然，为自己的命运打开崭新的局面。

夏蒂妮已经76岁了，她做梦也没有想到，在她孤零零地度过了40年时光后的今天，还能如此幸福地享受到人世间最为美好的天伦之乐。

夏蒂妮曾经有一个儿子小约翰，可是在他17岁那年，由于一次意外，被一群游荡社会的坏孩子乱刀砍死了。那段时间，她很悲伤，心中也充满了仇恨，每一次看到那些衣着不整、叼着烟卷、穿街走巷、狂歌猛喊，甚至脏话连篇的坏孩子，她都有冲过去撕烂他们的冲动，这样让她陷入了更深的痛苦漩涡中。

后来，在一次"拯救灵魂"的公益活动中，她碰到了保罗，那时他已是一个老得几乎走不动的老牧师了。保罗看到眼含忧郁的夏蒂妮后，便颤颤巍巍地向她走了过来，并对她说："你的事情我都听说了，怨恨是解决不了问题的，而且你知道吗，这些孩子也非常可怜，因为父母过早地抛弃了他们，社会也用有色眼镜看待他们，他们多数人自从出生的那天起便没有再尝到过什么是温情，更不知道什么是爱！"

夏蒂妮愤愤地说："可是，他们夺走了我的约翰！"

"那也许是个意外，放下这些怨恨吧，如果你愿意，也许他们都会成为您的小约翰的！"

夏蒂妮听从保罗的建议，参加了"拯救灵魂"的团体。她每个月都要抽出两天时间去附近的一家少年犯罪中心，试着接近这些曾经让她深恶痛绝的孩子。开始时固然有些不自在，可通过一段时间的交流后，她发现，这些孩子确实不像他们所表现的那样坏。他们渴望爱，渴望温情，有的甚至渴望叫谁一声"妈妈"。

于是夏蒂妮像这个组织的其他成员一样，认了其中的两个黑人孩子作为自己的孩子。每个月她都要带上自己做得最拿手的食物去看他们两次。就这样，两年过去了，当她的这两个孩子离开之后，她又认领下两个……

直到现在，她已经认下了20多个孩子。他们每个人都从她那里得到了一种不是母爱却胜似母爱的情感，而她也从他们的身上找到了小约翰的影子。他们即使重新回到社会，也从没有间断过与夏蒂妮的联系，他们会定期地到家里来看望她，帮她做家务，然后与她一起共进午餐，看电视……

夏蒂妮说："我从没有像现在这样幸福过。"她不但用她的爱心从更深的地方挽救了这些孩子，更找到了她应得的天伦之乐。

宽容是一个女人成熟的标志。生活在社会里，生活在人群中，总难免有一些摩擦。想不通的事情，换个位置站在对方的角度上去思考、去评判，兴许就能找到宽容的理由。比如在大街上发生诸如自行车碰撞，或你的脚踩了他的鞋之类的琐事，彼此相互点点头，算是表示歉意，随后，各奔东西。工作中有些误会，也应该抱着宽容的态度去体谅别人，理解别人。如果你能以一种宽容的眼光去看待世界，你会觉得绿水青山、碧云蓝天无一不是令人赏心悦目的景色。

宽容，表明你有大海般的胸怀，蓝天般的度量。懂得宽容的女人，是仁慈的，智慧的，她总能使一些猜忌和误会消失于无形，由此避免无谓的冲突和由此带来的不良后果。

宽容的女人是智者，遇事便大喊大叫，只会令人生厌。宽容是信心，动辄发火、与人争吵不休的女人，其实是没多少底气的表现。一个心胸狭小，对周围的人戒备森严、处处提防、不能宽大为怀的女人，必然会因孤独而陷于痛苦之中。而宽宏大量、与人为善、宽容待人、能主动为他人着想、肯关心和帮助别人的人，则讨人喜欢，被人接纳，受人尊重，充满魅力。

在人生的道路上，我们不妨学着豁达一点，宽容一些，女性朋友们可以试着从以下方面入手。

1. 学着理解别人

当发生什么意外的事情时，不妨设身处地地站在别人的角度来思考一下，这样你或许会发现自己也应该承担一半的责任。学着理解别人，体会他们的苦衷，你的抱怨和烦恼就会少很多。

2. 保持乐观

一个悲观的人总是很容易想到事情不好的一面，而且心情比较压抑和郁闷，所以总会对别人不满或者生气。虽然有的人平时很好，可是一旦遇到突发事件就悲观起来，这也不算真正的乐观。真正的乐观是不论在什么时候都可以给自己鼓励和希望，并且相信自己。

3. 不要斤斤计较

斤斤计较，只会让别人觉得你是个小肚鸡肠的人，只会让你一时觉得占了便宜或者没有吃亏，但是心里也很难受。如果你是一个宽容的人，就不会在乎那些琐碎的小事，烦恼也就少很多。

4. 放开眼光

不要老是把眼光放在自己的小圈子里，鼠目寸光的人永远只能看到眼前的一点利益，所以要学着把眼光放长远一点。一个人要想真正实现自己的价值，仅仅局限在自己的小圈子里是不行的，必须发掘自己的潜能，为他人、为社会做出一点贡献。一个有全局意识和集体意识的人才会真正得到大家的认可和尊重。

生命箴言

live proverbs

懂得宽容的女性，可以拥有宽广的胸怀，可以生活得自在，可以有最知心的朋友。如果说温柔、贤惠、矜持是女性应该拥有的美德，那么再加上宽容，会让一个女性更加出色。宽容的女性一般都温柔，她们为人懂得谦让，对人体贴，凡事能替别人着想，不对得罪自己的人步步紧逼，能够化解任何矛盾。这样的女性更容易博得人们的钟情和喜爱。宽容的女性婚姻会更美满，家庭会更幸福，生活会更充实，更有意义。

不妒忌，专注属于自己的生活

妒忌是一种心理缺陷。当看到别人比自己强，或在某些方面超过了自己时，心里就酸溜溜的不是滋味，于是就产生一种包含着憎恶与羡慕、愤怒与怨恨、猜疑与失望、屈辱与虚荣以及伤心与悲痛的复杂情感，这种情感就是妒忌。

妒忌通常只能让女人徒增烦恼而已。事实上，你的妒忌心理越重，你身上的负担就越重，你的心灵也就越不容易快乐。还记得白雪公主那个恶毒的后母吗？那个爱妒忌的女人，最终的结局是失去了一切。

幼儿园老师决定让孩子们做一个游戏。她告诉孩子们每人从家里带来一个口袋，里面可以装上土豆，每一个土豆上都写上自己最讨厌的人的名字。

第二天，每一个孩子都带来了一些土豆，有的是两个，有的是3个，最多的是5个。然后老师告诉孩子们，无论到什么地方都要随身带着这个装土豆的袋子。

随着时间一天天地过去，孩子们开始抱怨了，袋子中发霉的土豆所散发出的难闻气味儿使他们不堪忍受，特别是那些带着5个土豆的孩子更加痛苦。一周后，游戏结束了，孩子们终于解放了。

老师问他们：“在这一周时间里，你们对随身带着土豆有什么感受？”孩子们纷纷沮丧地表示，带着土豆袋子行动不便，还有就是土豆发霉后散发的气味儿让他们太难受了。

这时，老师笑呵呵地告诉他们做这个游戏的意义，她说：“在我们的生活中，你妒忌的人越多，你身上的负担就越重，心灵就越不容易得到快乐。因此，放下心中的妒忌，得到的便是轻松快乐。”

可见，人生在世，一定要有一颗平静和睦的心，切不可心怀妒忌。俗话说：“己欲立而立人，己欲达而达人。”别人有所成就，我们不要心存妒忌，应该平静地看待别人所取得的成功，这是拥有幸福人生的秘诀。

对于女人而言，更要力戒妒忌的坏毛病，妒忌是毒药，它不仅使人疯狂，更易让人丧失理智。但在日常生活中，妒忌的存在却是很普遍的。英国哲学家培根就曾经指出：“在人类的一切情欲中，妒忌之情恐怕要算作最顽强、最持久的了。”尤其是对于正处在发育和成长中的少女而言，这种妒忌他人的心理也就更多一些。

妒忌者不能容忍别人超过自己，害怕别人得到自己所无法得到的名誉、地位或其他一切自己认为很好的东西。

现实生活中，很多女人的内心世界或多或少地都有一些不平衡心理。某人赚了钱，某人升了官，某人买了车，某人住进了别墅等。自己本来比别人强，但却不如别人风光体面。

与男人的内敛和不露声色相比，女人的妒忌心更直接、更张扬、也更恶毒。因为妒忌心的驱使，女人们往往会做出一些令人惊讶的事，疯狂到极致，甚至会有“杀之而后快”的念头。而有的女人却可以很好的掩藏或者控制自己的妒忌心，不动声色地面对内心邪恶的萌芽，做善良、温柔、平和的女人。这样的女人虽然也拥有丰富多彩的妒忌心，但妒忌得足够低调、足够节制，偶尔还可以给别人带来几分情调，不禁令人钦佩和欣赏。当然，此种境界并不是轻易就能够做到的，需要女人拥有很好的文化和涵养。

有一对女孩，其中一个外表略显平庸的叫清清，另一个相貌出众的叫小诺，两人从学生时代就是很好的朋友，成绩优秀，饱读诗书。小诺一直都很照顾清清，只要是清清喜欢的、想要的，小诺都愿意与她分享，甚至可以给她更多。结束学业之后，清清在家人的帮助下找了一份舒适的工作。不久，她所在的部门打算为清清招一个搭档，几乎所有人都认为清清会推荐小诺，可她却并没有这样做。她说，小诺太单纯，不适合在人际关系复杂的地方工作。但她们身边的人还是不能接受，纷纷替小诺抱不平。可小诺却没有责怪清清，在她看来，清清是真正了解她的。“从我们做朋友起，很多人就觉得我和清清一起，是因为我自认比她优秀。”小诺说：“但我知道并不是这样，我并不是拿清清来找平衡的。后来这次的事，我的朋友又说清清是因为妒忌我比她漂亮，才不帮我。其实，她真的很了解我，知道我喜欢和适合什么样的环境。而我们之间的友情完全与妒忌心没有关系。因为我们当初都很羡慕管仲和鲍叔牙，我们说好要做像他们那样的朋友，从不盲目的妒忌对方。倘若偶尔会产生那样的心情，也要及时告诉自己，别做傻事。”

管仲与鲍叔牙的交情，流传千古，包含着一种男人的胸襟和气概。而能够做到如此的两个女孩，确实相当不容易。她们懂得吸取古人的经验和教训，懂得妒忌心带来的危害。尽管都是读书人，但没有读书人的那种教条和表面的复杂，不为自己的负面情绪寻找任何借口，而是将它扼杀在摇篮里。如此以来，她们就可以将更多的时间和精力放在对自己有利的方面，为自己的生活和未来努力地向前走。

在外人看来，Y真是一个优秀的女人。公司里那些烫手的“山芋”，别人都扔得远远的，怕给自己找麻烦，可她却能不动声色地把它做得很漂亮。老板总是嘉奖她，可她看起来似乎也没有多高兴，表情总是淡淡的。唯独一样，谁若在她面前说身边的哪个女同事漂亮能干，她会露出不屑一顾的神情，让人摸不着头脑。

Y坚守着一个人生信条：如果不是最好的，那就等同没有价值。对于自己拥有的东西，她总是抱着一副“鸡肋”的态度。当租房客的时候，她妒忌那些有房的女人，总觉着像自己这样优秀、能干的女人，必须名下有套房才说得过去。于是，她所有的心力都放在购房上，不断打拼，不断升职，不断加薪，终于在郊区城铁旁有了一套房子。不过，这种满足感没有持续多久，因为上班距离远，偶尔还要打车，她深感交通不便。看到公司的一位女同事说，自家要在市区换一套大房子，她心里又开始不平衡了。

她买衣服讲求质量、品位，也非常注重搭配。可看见嫁给有钱老公的表姐，从国外买回了奢侈品，她心里有种说不出的难受，就好像自己顿时矮人一截，脸上无光。她觉得，那些东西仿佛是她应该享有的，而非他人。

Y爱看韩剧，迷恋故事里帅气有钱的男主角，迷恋浪漫的爱情故事。若只是随便羡慕一下也罢，可她往往分不清幻想和现实，越是迷恋那些虚幻的东西，越是感觉眼下拥有的一切都没有价值。她谈过几次恋爱，最后都以失败告终。

某前男友说，跟她在一起压力太大了，那种压力并非是她要求自己达到什么样的目标，而是不管自己怎么做，都无法吸引她关注你的存在，都无法让她觉得满足和快乐。不能让自己喜欢的女人开心，在一起时让她一肚子不满，这对于任何一个男人来说，都是致命的打击。

论物质生活，论事业家庭，Y比很多人都幸运，可她却比很多人都不快乐。她享受不到优秀给自己带来的成就感，因为她总盯着那些超过自己的人，害怕别人得到自己无法得到的名誉和地位；她自己做不到的事情，也希望别人不要做成，因为她不想看到别人比自己强。

有时，她也很烦自己，为什么会有这么强的妒忌心？可事到眼前时，又忍不住那样想。这些事，她只能偷偷地藏在心里，不敢对任何人讲，因为对亲戚、朋友，她也会如此。她害怕别人说自己内心不美好，因为她本性真的不坏，只是无法摆脱妒忌的纠缠。

斯宾诺莎曾经说过一句话："在妒忌心重的人看来，没有比他人的不幸更能令他快乐，也没有比他人的幸福更能令他不安。"当看到别人比自己强时，心里就酸溜溜的，产生一种包含着憎恶与羡慕、愤怒与怨恨、猜疑与失望、屈辱与虚荣，以及伤心与悲痛的复杂情感，这种情感就是妒忌。

曾经，有一位女性心灵作家，在某次见面会中问在场的女性一个问题：如果你身边的女友漂亮能干，事业有成，婚姻美满，你会有什么样的感受？多数女人说，会为女友感到高兴，自己也能沾沾光。女作家听着这些回答，优雅地笑了。她没多说什么，只是讲了一段自己经历的故事。

她说："临近毕业时，寝室里的一个女孩交了有钱的男友，每天在我们面前炫耀。原本，大家关系都不错，可看到她把寝室当成了时装秀的舞台，不停地换着名牌衣服、鞋子，我和其他几个室友心里都不太舒服。毕业舞会前夕，那女孩的男友送了她一件漂亮的礼服，她便又有了炫耀的'资本'。就在举办舞会前的那个中午，我一个人在宿舍，不知道怎么的，看着那件礼服就生气，竟然拿起口红和指甲油，在上面涂鸦。我以为，室友看到我疯狂的举动，会骂我是疯子。可我没想到，当那个女孩拿着衣服哭着跑出去的时候，其他的姐妹竟然在对视之后，哄然大笑。"

场下的女观众都笑了，可笑过之后又感慨：如此优雅的女作家，竟然也有过妒忌别人的时候，这完全跟她现在判若两人。现在的她，与世无争，安然自若，说话也是不温不火。有女性朋友问她，是怎么成为现在的样子？女作家是这样回答的：

"妒忌就像美丽的罂粟花，一旦植入人的心灵，醉人的花香就会让人暂时舒畅愉悦，可时间长了，花香中的剧毒就会让人陷入迷茫，像藤蔓一样慢慢侵占心灵，让人变得肮脏、污秽、邪恶、失去快乐、失去良知。妒忌不可怕，怕的是你不敢正视它、克服它，化妒忌为动力。

“无意间的一次，我看到自己的朋友在电视台做访问，她写了一本小说，这让喜欢写字的我，妒忌得无法控制。我相信，她能做到的，我也能做到。我在自己喜欢的领域里探索，研究心理学方面的知识，后又去修习。从净化自己的心开始，我学会了如何排遣负面的情绪，疏导极端的心理，并把自己所感所悟、所见所闻都用在了写作上，力求帮助更多的女人走出心理牢笼。渐渐地，就成就了现在的我。”

或许，女人该从女作家的经历里，得到一些启示。妒忌是长在心里的毒刺，你若任由它生长，那么未来的日子里，你的心总会隐隐作痛。与其如此，不如拔掉它，用你的优势去修补它，种下可以发芽的种子，慢慢长成一株独特的花。别怀疑，你可以做到，做一个从容优雅、不妒忌、拥有幸福的女人。

生命箴言

其实，每个女人或多或少都会有那么一点妒忌心，不管承认与否，它都是客观存在的，这是人类的一种心理本能。不一样的是，有人喜欢表现出来，有人藏在心里，有人把妒忌化为动力，有人把妒忌变成毒刺。

不虚荣，回归真实的自己

有一只老鼠生下了一个漂亮的女儿，老鼠总想把女儿嫁给一个有权势的人。它看到太阳魅力非凡，就巴结太阳说：“太阳啊！你多么伟大、能干，万物没有你简直就无法生存，你娶我的漂亮女儿做妻子吧！”太阳客气地回答：“我不行，因为乌云能遮住我，把你的女儿嫁给乌云吧。”老鼠又去找乌云，老鼠对它说：“你娶了我的女儿吧，你有这样神通广大的本领，我真敬慕你。”乌云说：“不行，我没什么本领，我比不上风，风一吹，我就被吹跑了。”老鼠一听，原来风比乌云更有本领，于是找到风，对它说：“风啊！我可找到你了，听说你很有本领、有权威，我愿将我美丽的女儿嫁给你。”风一听这无头无尾的话，紧锁双眉说：“谁稀罕你的女儿，你去找墙吧，他比我行！”老鼠一听，又决定去找墙。墙偷偷地说：“我倒是怕你们这些老鼠，你们一打洞，我可就危险了。我不配做你的女婿。”老鼠一想：墙怕老鼠，老鼠又怕谁呢？它忽然想起了祖宗的古训，猫是老鼠的天敌，每一个老鼠生来都会本能地害怕猫。

于是就赶紧去找猫，点头哈腰地说：“猫大哥，我总算找到你了，你聪明、能干，有本事、有权威，做我的女婿吧！”猫一听，倒是爽快地答应了：“太好了，就把你女儿嫁给我吧！最好今晚就成亲。”

老鼠一听这么豪爽的话，开心极了，猫大哥真不愧是有魄力、有作为的男子汉，这下总算给女儿找到如意郎君了。于是喜滋滋地跑回家去，大声对女儿说道：“我终于给你找到好靠山了，猫大哥最显赫、最有权势，你能享福了！”当晚就把女儿打扮起来，请来了一群老鼠仪仗队，打着灯笼、凉伞、旗子，敲着锣鼓，一路上吹吹打打，把女儿用花轿送到了新郎的住地。猫一看，老鼠新娘来了，等轿子刚进门，还未等新娘下轿就扑了上去，一口将可爱的新娘吞进肚里去了。

其实在我们的现实生活中这种情况并不是没有的，许多人因追求华而不实的东西变得虚荣，也因此为日后的悲剧埋下了祸根。我们的社会一直以来似乎并不严重谴责虚荣，仿佛人人爱慕虚荣，无须谴责，好像这是理所应当的事情。甚至有人觉得，如果一个人不虚荣，那他就一定很虚伪。事实上，许多悲剧的问题皆源于此。

很早以前，村里有一个女孩叫苏菲亚。她是一个非常爱美，非常会打扮自己的孩子，这在村里可不多见。

每当春天降临人间的时候，苏菲亚总会从田野里采来好多鲜花，装点在自己的房间里，土坯做的墙壁在她的装扮下，显得比皇宫都要华丽；夏天来了，她会在花丛中捕捉许多花蝴蝶，夹在笔记本里做成标本，闲暇时翻开来笑嘻嘻地看；秋天，她还会到自家后面的园子里捡拾枫树上凋零的落叶，那些枫叶火红一片，像一个个写满梦想的青春请柬；冬天如约而至，她会和弟弟一起，在自家篱笆围成的院子里堆一个雪人，还会用菜窖里的胡萝卜给雪人装上一个漂亮的鼻子。

等到苏菲亚长大后上了中学，家里人开始发现她变了，以前那个天真无邪的“小苏菲亚”不见了，取而代之的是一个淑女一般文静而且多愁善感的女孩。可能是青春期的缘故吧，爸妈们只好无奈地这样想。

到了城镇里上学之后，她和同学们逛了几次街，然后，苏菲亚就再也没有去过任何一条街道，除了不得已路过之外，她也会尽量强迫自己目视前方，从不左顾右盼。其实，她并不是害羞，而是怕街道两旁橱窗里的时尚服装伤了自己的自尊。

每当周末回家休息，回到她的家乡，这个小小的、安静的村庄，苏菲亚向父母索要生活费时，逐渐加重了“力度”。由一开始的5美元，变成了现在的10美元，这已经让父母很难承担了，但她甚至还嫌不够。父母问她，怎么了，孩子？学校里的伙食涨价了吗？

每当听到父母关心的询问，苏菲亚竟然会莫名地对着父母大发雷霆。

苏菲亚像那个年纪的大部分女孩子一样，她开始学着打扮自己。但是她把自己打扮得过于成熟，打扮的方式也过于繁复，时常会在镜子前花掉一上午的时间，再用半个晚上的时间卸妆。她把自己弄得像一个过早开放的交际花。几个室友私下里也谈到她，总说她变了。别的室友围了一条苏格兰格子的围巾，她也会买一条；别的室友新添了一双长筒的靴子，她也会给自己添一双；别的同学定做了一条连衣裙，为了买到相同的款式，她会跑遍好几条街。

她最恐惧的就是别人喊她“土包子”，如果有人敢这么叫她，她一定会不惜一切代价地和那个人拼命的。不过幸运的是，其实她身边并没有那种不善良的人，她也一点都不像来自农村的人。可是她却不知道，她从一个“土包子”蜕变成一个“水晶包”，她的父母在背后付出了多少心血和汗水。父亲在镇上的建筑工地上做瓦工，磕磕碰碰的，身上的伤长年不断；母亲在药厂给人洗药材，遇见一些过敏的药材，往往两只眼睛都肿得眯成一条线……可以说，她是在用父母的心血和苦累来编织自己虚荣的面具，简直就是和那些剥削她父母的资本家一样，是吸血鬼！

然而这还不是最重要的，身为学生的她，连学习成绩也一落千丈，由当初进班时的第一名，滑落到中等偏下，甚至出现过不及格。

在一次放学后，希拉老师特意把苏菲亚喊到了自己家里，给她讲了这样一则古老的寓言：

在古时候，有一匹小马立下志愿，要做一匹驰骋天下的千里马。做千里马的第一条就是要比速度，然而，这匹小马始终落在别人的后面。几次失败以后，小马泪流满面跑到妈妈那里，把自己的苦衷说给了妈妈听。

小马的妈妈让小马按照比赛时候的样子跑一遍给自己看，小马准备了一个漂亮的起跑姿势，然后每一步都很有规律地奔跑着。

妈妈笑得前仰后合，妈妈说："孩子，一匹太在乎自己奔跑姿势的马是跑不快的。如果想成为千里马，你必须抛弃那些无用的姿势，你的心里只有奔跑，不停地奔跑，你的眼里只有你前方的目标，我们的意义在于奔跑，而不是表演！"

后来，小马按照妈妈的吩咐，刻苦练习，摒弃恶习，日后终于成为一匹迅如疾风的千里马。

这个简单的寓言很快就讲完了，随后，希拉老师从兜里掏出一大沓零钱给苏菲亚说，这是你的父亲给你送来的生活费，你不在寝室，我替你代收了，我闻了一下，上面充满了扑鼻的砖瓦的味道和药材的香味……

苏菲亚控制不住自己了，一下扑在了父亲送来的那些零钱上，第一次哭得这么伤心，这么懊悔。

后来，苏菲亚谨记着希拉老师的故事，一改往常的陋习，考上了一所著名的大学，经过10年的奋斗和积淀之后，她成了文学院最年轻的博士生导师。

苏菲亚是幸运的，她遇到了一个好老师，帮助自己抛掉了虚荣心态，避免在虚荣心的诱惑下越陷越深。苏菲亚的这种虚荣心态，就是追求表面上的光彩，是一种极力掩盖自己不足的心理表现和夸张行为。在现实生活中，没有一个人不渴望满足自尊，也没有一个人不希望获得荣誉，但这种获得应该是建立在既自尊而又尊敬他人的基础之上的，而不是自我夸耀。为了满足虚荣，有些人便可能对他人造成伤害和冒犯，常常会为一些微不足道的事，津津乐道，自卖自夸。因此，懂得生命尊严的人，真正懂得荣誉的人，必须从虚荣中超然而出。

那么，如何来摆脱虚荣心态呢？这就需要我们能正确地认识虚荣，合理地加以改造和利用，把不利的转化为有利的。控制了虚荣这种人性缺陷的人，是不会被表面上的赞美和奉承所蒙蔽的，因而在生活中，他也不会轻易上当；他不会动辄接受贿赂，以至成为一个贪官污吏；他不会因为别人的赞美而失去自我；他不会因自我吹嘘、自我包装而招人耻笑；他会成为一个成功的、获得了真正荣誉的人。

（1）正确认识自我

只要你正确认识了自己，并严格对自己做出客观、实在的评价，就不会因别人的赞美、恭维而迷失了方向，不知自己到底是谁了。事实上每个人都对自己有一定认识，并在这个认识的基础上产生一种自我评价。而清醒地看到自己的成绩和缺陷，发现自身的不足，并加以理性的克制和改正，却不是那么容易。虽说不容易，但一定要尽力做到对自身条件、自我性格有清醒认识。客观自然条件对每个人来说都有差异，我们面对事实，需要的是勇于接受现实，忍耐自然条件带来的不便和压力，趋利避害，扬长避短。人生的道路千万条，不必去钻牛角尖，要善于化腐朽为神奇，把自己的人生绘制成一幅绚丽的图画。

如果把几块长短不齐的木板箍成一只水桶，结果就会发现，木桶的储水量多少并不取决于最长的那块木板，而是取决于最短的那块。如果要使这只木桶能装更多的水，只有将最短的那块木板加长。做人也如此，既要善于发现自身的短处，又要勇于承认短处，更要善于补短。如何补短，不仅需要勤奋学习，还要注意两点：一是如黑格尔所说的“知道限制自己”；二是善于吸取别人的长处。如果想有效吸取到别人的长处，一定要低姿态，一个谦虚的人必然能博采众长，用以充实自己，还会自觉地改过从善，提高自己的修养，从而得到别人的尊重。

（2）正确地接受自我

一个人认识自我固然不易，接受自我则更难。接受自我就是对自己的本来面目抱认可、肯定的态度。一些不能接受自我的人，由于对本身的某个方面不满意，而可能拒绝承认自己本来的面目，不能如实地表现自己，竭力想把自己装扮成另外一个形象，把真正的自我隐藏在伪装的后面。这可能并非是完全有意识的，却使自己不能自然地表现自己，而必然带来沉重的心理负担。

在这个世界上，真正的强者是那种能够战胜自己的人。世界上最难克服的困难，就是自己的愿望；世界上最大、最顽固的敌人，也就是自己。能够战胜自己的人，是没有什么困难能够抵挡住的，也是可以战胜一切的。还是以你真实的面孔去面对每一个人，那样得来的赞誉才能终身受益。

(3) 正确面对周围的人

爱慕虚荣的人往往为他人的意见而活着，特别是他周围的人，其实，这完全没有必要。只要一个人有真才实学，即使他不刻意表现自己，也总有一天会赢得别人的尊重。

实际上周围的人的兴趣、爱好各不相同，生活习惯、语言表达方式不同，他们的判断标准不一定正确。如果能清醒地认识周围的人，就不会为他们所认可的各种各样的价值标准、审美标准所迷惑。对于一个人来说，不要怕被周围的人看低，可怕的恰恰是被别人看高了。看低了，你可以寻找机会全面地展现自己的才华，让别人一次又一次地对你刮目相看，你的形象会慢慢高大起来；如果被人看高了，刚开始让人觉得你很了不起，对你寄予种种厚望，可你随后的表现让人一次又一次地失望，结果会被人越来越看不起。

人们在失意时，容易遭到讽刺打击，在进取时也常常会受到讥讽和嘲笑，要生活得充实、安稳、潇洒，就要有充分的心理准备，不怕嘲笑讽刺，不怕挖苦打击。当受到别人的嘲讽时，不要用虚荣来挽救自己的面子，而要客观地分析一下，别人的嘲讽是否有道理，还应检查一下自己的行为是否正确。如果觉得自己没错，就坚持到底，用实际行动来感化和影响讽刺的人。对于恶意的嘲讽，最好的办法就是不屑一顾，在别人的嘲讽中发愤图强，在别人的嘲讽中活得有滋有味，这才是真正强者的人生。

（4）正确找准自己的位置

人生一世，谁都不甘平庸，谁都想成就一番大业，不虚此生。可是由于社会背景、机遇、智商、文化、修养等等的不同，一个人的理想或愿望，并不一定就能一一实现。在自己的目标没有达到时，要学会承认和接受现实，要自己寻找心理平衡。人们大都渴望和追求荣誉、地位、面子，人都不愿受辱，但虚荣心重的人，往往对客观外在的出身、家世、钱财、容貌都看得很重。其实，一个人一生的道路是很宽阔的，每个人都有各自的活法，要以个人的条件为依据，努力去追求。要站得高，看得远，不为眼前的小是小非缠住手脚，从而排除各种干扰，奔向大目标。这样才能在滚滚的商品大潮中，坚守住自我，不张狂不自满，也才能所收益。

（5）正确把握与人对比的尺度、方向、范围和程度

从现实角度上来说，我们应该较多放眼在一个人的社会价值上的比较，而不是一个人的自我价值上的比较。例如，你可以比较一下，一个人在学校里或者工作上的地位，他在其中的作用与贡献，而不是只看到他个人工资的收入、福利待遇的高低、所付出的辛苦之类。从覆盖的方向上说，我们要立足于健康的比较而抛弃病态的比较。例如说，我们可以比较实际的业绩，比较我们的干劲，比较我们精神专注的程度，而不是贪图那些虚名。例如，嫉妒他人那么能表现自己，并因此获得了那么多不属于他的东西。亲爱的朋友，你要明白，那些都只是虚名而已，就好像天边的浮云一样。从比较的程度上来说，我们应该在我们个人的实力上把握好比较的分寸，能力一般的最好就不要和能力比你强的太多的人相比较，这是我们必须承认的客观的现实。这就像拳击比赛和举重比赛一样，都是要按照体重分别进行的，并不是说明你不够优秀，而是我们的先天条件就是如此。

（6）为自己树立一个正面的榜样人物，并且学会完善自我

我们可以从名人传记、名人名言中，从现实生活中，以那些脚踏实地、不图虚名、努力进取的革命领袖以及英雄人物、社会名流、学术专家为榜样，努力完善人格，

做一个解放思想的人，一个实事求是的人，一个有道德的人，一个脱离了低级趣味的人，一个有益于人民的人。

总之，在我们充满诱惑也充满压力的现实生活中，摆脱虚荣心的方法有很多，在现实中我们要善于学习和把握克服虚荣心的各种方法，成为一个身心健康的人。

(7) 正确面对自我缺点，对自我进行约束

假如你已经出现了例如自夸自大、吹牛说谎、嫉妒他人等等消极的心态与行为，应该立即采用各种心理训练的方法对自己的行为和心态进行彻底的纠正，对这些不良的虚荣行为进行自我心理辅导。其实这就像是我们生病的时候要让自己吃药一样，也就是说当这些病态的心态行为将要出现或已经出现时，你应该保持警觉，立即给自己施加一定的心理暗示。

生命箴言

虚荣心太容易膨胀，不好好关注它的动向，就可能会在虚荣里毁了自己。聪明的女人应该明白，什么时候可以小小地满足一下自己的虚荣，什么时候应该遏制自己过度的虚荣，才能游刃有余地驾驭自己的生活。

不纠结，淡看人生的得与失

世间的人和事大多都处在矛盾之中，正确与错误、成功与失败、快乐与悲伤，每个人都深陷其中。想要得到正面的，抛弃负面的，但却始终难以如愿。所以，人们往往在“得”与“失”中纠结，频繁地计算自己得到了多少，又失去了多少。竭尽全力想要在“得”与“失”之间找到平衡。然而，很多时候，正因为太过在乎，才会令自己迷失方向或者畏缩不前。

没有人不想得到更多正面的、对自己有利的东西，当然也没有人愿意失去手中紧握着的东西。但是否所有人都能够意识到，当得到一件东西的时候，正在失去得到另一件东西的机会。就像买东西的时候，选择了其中的一种，就意味着失去买其他种类的机会。可见，得到与失去，本就是一对同时存在的矛盾体。得到的同时意味着失去，失去的同时也意味着得到。没有永恒的“得”，亦没有永恒的“失”。

女人的心思缜密、细腻，也就容易陷入“得”与“失”的权衡。适当的思考是必要的，但如果一味地算计得失，也许会连之前得到的那部分都失去。当然也不能患得患失，停在原地是没有任何意义的。看淡得失，才能卸下命运中的沉重枷锁。要相信，该得到的一定会得到，该失去的也终将无法挽回。过分看重得失，只能让自己更痛苦。谁能说这一次的失去，不是为了下一次的得到呢？

在生活中，很多女人都会有一种“担心得不到，得到了又担心失去”的复杂心情。一件精致的物品、一份渴望的工作、一个心爱的人，都会令她们不知所措。但不管最终的结果是得到还是失去，都要保持一份释然的心态，如果一味地纠缠在得失的结果中，就会形成患得患失的心态。

当前，我们身处残酷竞争的社会，生存的压力很大，于是会特别计较个人的得失。人人都想要自己的付出得到足够的回报，甚至是不劳而获，却又不想失去什么，整日忙于算计自己的所得与所失，生怕失去的比得到的多。可最终，又能够得到什么呢？

身为女人，在纷繁复杂的职场并不占优势，所以要想尽办法为自己赢得优势，得到之后又害怕失去，时刻留意身边人的动向，看准下一步的台阶，生怕别人捷足先登。这种心态令自己感到疲惫，也无法为自己换回更多。

李楠在一家贸易公司担任中层管理者的职位，为了能升职加薪，她花费了整整两年时间。期间，不断地权衡自己的得失，一路上走得小心翼翼。每天都在计算自己为了目标又迈进了多少，获得了多少资历和机会，同时也在害怕失去现有的资源和优势。结果，她养成了一种挑剔的工作习惯。领导分派的任务，凡是觉得对自己有帮助的，才会积极去完成。而那些她觉得没有多少作用的事，便应付了事。有好几次，在她认为并不那么重要的事情上犯了错，被领导逮了正着。于是，升职加薪的事自然也就遥遥无期了。

还有的女人，认不清自己所擅长做的事。时下流行什么，或者什么能赚更多的钱，就想做什么。身边的朋友开店赚了钱，她也想开店；身边的朋友做市场，她也想从文职转为市场；身边的朋友考公务员，她也拼命去考。总之，眼光始终停留在那些小有成绩的人身上，却不曾考虑自己的性格或资本是否适合复制别人的路。盲目地选择自己的职业，结果往往会错误地选择了不适合自己的目标，白白走了很多冤枉路，还丢掉了自己的专业和特长。所以很多时候，越是想要得到，越容易失去。尽管职场中有许多功利存在，但患得患失的态度并不会让我们得到更多，反而容易失去自己的真实。

除职业之外，感情也是女人一生中最重要的选择。恋爱中的女人是傻瓜，置身感情中的女人，看不清自己所处的位置，无法分辨对方态度的真实性，也就更容易患得患失。尤其是当一个女人真的为此投入，会特别想要得到那个人，又会在得到之后害怕失去。因而，在得到的过程中，女人可以放低自己，想尽办法讨他的欢心，甚至不择手段也要将他留在身边。在得到之后，又会整日守候身旁，就好像留住他是自己生活最重要的部分，其他的一切都可以不管不顾。如此以来，很多感情中的矛盾也就应运而生了。最常见的便是女人的卑微、小气、敏感、多疑、捕风捉影，对身边的男人百依百顺，死死抓住不放，一有风吹草动便草木皆兵。这样的女人，让男人如何承受。

很多男人在选择分手时，会说是女人的爱太沉重，给了他无法承受的压力。而这份压力，正是女人的患得患失所造成的。感情很脆弱，禁不起太多的推敲和考验。有句话说：不要考验爱情，因为爱情是经不起考验的。太在乎得失，内心就没有安全感。可如果想要找回安全感，并不是要求那个人该做到什么，而是要放下自己的那份执念。如若不然，便很容易做出一些偏激的事情。也许有时候，不过是为了试探那个人的真心。然而真心如此宝贵，又怎么容得下随意试探。考量得多了，真心也会变荒芜。就像你反复地对一个人表达“我爱你”，说得多了，听的人就会越来越麻木。

还有的女人将感情放在最不重要的位置，美其名曰“现实”，算计的都是男人的身份、地位、权势和金钱。将自己的付出与男人的给予划等号，想要获得更多利益，又不想付出太多，看似每一分都计算得很清楚，事实上根本就是血本无归。因为女人付出的常常是根本无法用金钱衡量的东西，就算没有付出真感情，可青春、身体和那份委身于人的卑微，难道不意味着高贵人格的失去吗？

虽然女人是不折不扣的感性动物，但仍然要学会在感情中保留一份理性。人与人之间是平等的存在，不要因爱患得患失，更不要因利益患得患失。一旦走上了歧途，就会迷失在自己给自己设下的圈套里。

古人说：世事如庭前花，花开也有花落，又如天边云，云舒也有云卷，何必患得患失，终日萦挂于怀呢？每个人都想拥有更多的东西，但所能得到的终究是有限的。如果过分看重得失，注定会在患得患失中迷失方向。

生命箴言

太过计较得失，便容易得不偿失。女人心思缜密，却也更容易养成算计细微之处的习惯。不妨学点男人的豪爽性情，不执迷于得到，也不惧怕失去。将“得”与“失”看得淡然一些，轻松地面对人生，才能真正获得自己想要的生活。

不抱怨，用平和的心态接受命运的安排

当女人认为自己活得很辛苦，并且不断地放任这种想法，使其无限蔓延，那么女人就会在无尽的想象中，将自己变成苦命的人。特别是身处这样一个快节奏的时代，女人在社会角色和家庭角色的双重压力下，会觉得负担重得令人喘不过气。其实，不只是女人，世上的每个人都活得很辛苦。人生之路多磨难，上天对每个人都是公平的，只是不同的人，所经历的苦难不同而已。喜欢抱怨的人，总是拿别人的幸福与自己的痛苦相比较，却看不到属于自己的点滴幸福，整日沉浸在痛苦的想象中难以自拔，用抱怨来宣泄内心的不满，但也于事无补。

很难想象抱怨自己命苦的女人会是美丽的、开阔的、豁达的、幸福的。她们与这些代表幸福快乐的词语不沾边儿，并不是因为她们不能拥有充满阳光的生活，而是因为她们自己固执地躲在黑暗的角落，不愿面对命运带来的任何考验。她们总是有各种各样的理由，来说明自己的生活是多么艰难困苦，也总是用各种各样的理由，来逃避自己不肯努力争取的态度。她们喜欢说"我不适合这个世界"、"这个世界不符合我的想象"、"我已经很辛苦了，你还想让我怎样做"、"为什么别人不用那么辛苦就能得到，我偏偏就要让自己这么累"，而后，她们依旧我行我素，任凭自己懒惰、消沉、悲观。除了抱怨，她们什么事都不会去做。

抱怨自己的生活有多么辛苦时，不妨想一想那些真正生活在底层的人。她们没有足够的食物和衣服，没有足够的积蓄，没有自己的房子。她们每天辛苦劳作，只能换来微薄的收入。她们性格温和，秉性善良，任劳任怨。她们对生活有期望，但从不抱怨，即使她们无力改变目前的状况，也明白抱怨不会实现她们的愿望。她们懂得如何在有限的条件下，看到生活快乐与美好的一面。

我曾在菜市场附近遇到过一对卖蔬菜的夫妇，他们没有固定的摊位，只有一辆小货车。每天，男人负责进货、铺货，女人负责看摊、卖菜。晚上，他们也没有住处，就直接凑合着睡在车里。每次我去买菜，都能看到女人温和的笑脸，说话很爽快，一点也不做作。熟悉之后，也会简单攀谈几句。她从未抱怨过自己清苦的生活，说既然只能选择这样的生存方式，就好好的做好自己的生意。如果能把生意做好，未来的生活会好起来。

懂得满足的女人是幸福的，也是令人钦佩的。我忽然明白，在没有看到别人的痛苦之前，我们都没有资格抱怨什么。所以每当我遇到那些喜欢抱怨的女人，就会劝她们多看一看其他人的痛苦。这个世界上，没有谁比谁更不幸。与其抱怨活得辛苦，不如学会放松心情，淡然地面对生活中的苦难，才能拥有改变命运的契机。

有人说，女人之所以会成为怨妇，还是因为过得不够幸福。社会压力大，工作不够顺心，没有男人惦记，诸如此类的原因造就了新时代的大批怨妇。面对烦恼，有的女人只是随口抱怨几句，过后也就算了。而有的女人则到了神经质的程度，不停歇地抱怨，逢人就要说上两句，身边没有人就迫不及待地找来几个。如果对方只是礼节性地倾听还不行，定要让人家发表自己的意见，支持她的抱怨。面对这种女人，你能怎么办？果断地逃吧。所以，通常女人拥有了怨妇的标牌，身边的人便会迅速减少。

一个女人，是很容易被抱怨吞噬的。沉浸在怨恨中的女人，看不到生命中的光彩，也看不到自己的未来，她们只会硬生生地将自己拖入黑暗的深渊。

有些女人在还是小女孩的时候，就被父母和亲人们呵护着，想要得到的东西自然有人递到手边，只要稍微任性一下或者掉几滴眼泪，再严重的错误也能够得到原谅。渐渐地，女孩在成长过程中被娇惯成任性、刁蛮、懒惰、脆弱的样子，不肯付出，不肯依靠自己的力量去得到想要的。遇到挫折和不顺心事，就没完没了的抱怨。虽然有时候也明知道抱怨是不会解决任何问题的，但就是不肯去做些什么。

若涵是某家物流公司的海运操作，自工作以来，工作量是整个部门里最少的。因为她一直不停地在抱怨自己的工作太忙，没有能力做那么多。部门主管碍于她是高层领导的亲戚，不愿与她计较，只好刻意减少了她的工作量。于是，其他员工的工作量就比平日要多一些。按理说，这已经是部门所有同事最大的让步。可她还是不满足，又抱怨客户的毛病太多，太难应付。工作时间，大家都在忙碌着，谁也不愿再听她的唠叨，只好和主管商量，将最简单的客户让给她。这下，她成了全公司最舒服的员工。

可令人意想不到的是，她的抱怨仍然没有停止。抱怨工作太繁琐，抱怨客户不专业，抱怨办公室气氛太紧张。其他人就这样每天在她的抱怨声中工作，也逐渐变得越来越烦躁。后来，部门主管实在受不了，只好请求管理层将她调到别的部门。

为此，管理层特别召集各部门的主管开会，商量这事，可没想到，没有一个部门的主管肯接受她。但她的主管非常坚持自己的决定，因为她直接影响到了其他员工的积极性和工作效率。无奈之下，管理层只好私下做工作，与她解除了劳动合同。

没有哪个上司能接受一个抱怨不休的下属。如果是那种有能力解决问题，能扛起半边天的人，偶尔抱怨上几句还说得过去。不学无术，不愿付出努力的人，还要一而再再而三地抱怨，就只能被淘汰。一个人想要获得成功，首先要学会的就是不抱怨。尽管任劳任怨的人看上去总是要比别人亏一点，但只有这样的人才能获得更多被委以重任的机会。反之，即使再聪明、再有能力，也很难得到认可。

抱怨是前行中最大的绊脚石，它让人在困难面前停滞不前，不愿努力做出改变。真正想要有所作为的女人，是不会选择抱怨的，她们会在想要抱怨的时候，及时克制自己，心平气和地接受现实带来的考验，相信坚持能够换回自己想要的。工作中是如此，生活中亦是如此。

恋爱中的女人很少抱怨，只是沉浸在甜蜜中，暂时抛弃了世间的俗事，一切都飘荡在浪漫的空气中。当爱情之火渐渐归于平静的时候，女人的抱怨也会多起来。不再需要矜持，也不再需要羞涩，要直面现实中的种种琐碎细小的事情，就会有很多不满。这时，也许男人还能够忍受，还可以耐着性子尽量满足女人的要求。倘若婚后，女人仍然喋喋不休地抱怨，甚至变本加厉，就会给生活带来不幸。

人人都在抱怨这是一个婚外情横行的时代，可是否有人想过，小三儿究竟为什么能够经久不衰，成为打不死的小强？除了男人禁不起诱惑之外，女人们是否就完全没有责任呢？

学会做不抱怨的女人，不要给男人伤害自己的机会，也不要给生活留下不愉快的印记。多一点理解，多一点柔情，多一点欣赏，多一点乐趣。懂得生活的女人才值得男人珍惜和宠爱，而聪明的女人总是能够游刃有余地经营自己的生活。

不管你要扮演的角色是职场精英，还是家庭主妇，都要谨记“不抱怨”的咒语，调整好自己的情绪，以健康、阳光的姿态面对工作、面对生活。淡在抱怨之外的女人，才能成为令人羡慕的好命女。

生命箴言

live proverbs

抱怨不能改变过去，不能帮助现在，也不能成就未来，与其怨天尤人，不如带着几分潇洒和妩媚，做多姿多彩的女人。

不张扬，安安静静就好

沉静的女人，含蓄、矜持、内秀，经得起时间的雕琢。年轻女子的沉静，会让美丽多一份深邃，会让心灵多一份内涵。外在是甘于寂寞，不动声色，内里是沉着自信，默默进取，容纳着一切，却又超越着一切。成熟女人的沉静，一如婉约、高雅的桂花，散发着清新怡人的香气，那是少经世事历练的年轻女人所没有的魅力，是经历岁月沉淀的成熟气质。

沉静的女人从不把张扬当个性，把炫耀当魅力，不会不分场合、不看对象就自以为是地说笑不止，而不顾别人的感受。她们明白什么该说，什么不该说，什么是别人的痛，什么是别人的隐私。她们不会粗枝大叶，亦不会夸张做作，她们知道怎样展示自己的格调，知道怎样对待复杂的生活，更知道怎样捕捉到高贵与优雅。闭口不言，莞尔一笑，那是剔除浮躁之后的宁静，是拒绝平庸之后的高贵，是抛弃浅薄之后的成熟。

亦舒曾经说过："真正有气质的淑女，从不炫耀她所拥有的一切，她不告诉人她读过什么书，去过什么地方，有多少件衣服，买过什么珠宝，因为她没有自卑感。"

某公司年会的晚宴上，一位身着简单黑裙，挽着韩式发髻的优雅女人，在一个安静的角落坐了下来。她身上没有一件奢侈品，除了一对珍珠耳钉，再无任何名贵的首饰。

衣着华贵的S女和H女朝着她径直走了过来，坐在旁边的位置上。她友好地示以微笑，却没有刻意寒暄。S女一如既往地炫耀着，说着她的高档礼服，说着她的蜜月旅行，说着她的国外采购。H女故作羡慕，内心却掩盖不住地想要表现自己，说起男友要换车，说起她唯一的爱马仕。争论得不相上下时，两个人开始寻找台阶来圆场，她们转身把目光投向了那个安静的女人。

S女的关心显得太虚伪，说她该买件像样的晚礼服，她身上的款式看上去有点旧，与她的气质并不相符。她沉默着，微笑着，不解释。H女接过女伴的话，说她应该搭配一条项链会更好，一边说一边摸着自己颈上闪闪发亮的吊坠。她默不作声，脸上依然保持着微笑。

此时，宴会上最出彩的那位男士朝着她们走了过来。S女和H女相视一笑，并故作优雅之态，与之打招呼。谁知，那位男士却把手伸向了那个衣着简单的女人："我能请你跳个舞吗？"她微笑着把手伸向他，说道："当然。"走向舞池之前，她回头向S女和H女一笑："不好意思，我先失陪了。"接着，她便成了会场里最耀眼的精灵。

在嘈杂的会场里，S女听到有人窃窃私语："没错，她父亲就是美国总部的CEO。"顿时，S女觉得自己很流俗。那个女人的美，不只是音容笑貌上的美，还有一份不浮夸、不张扬的优雅。

有人曾经说过："当一个美丽的女人炫耀她的美丽时，就开始变得丑陋了；当一个聪明的女人炫耀她的聪明时，就开始变得愚蠢了；当一个有才华的女人炫耀她的才华时，就开始变得一文不值了。"一个真正优雅的女人，她的一切都该是美丽的，容貌、衣装和心灵，缺一不可。可惜，太多高傲自负的女人，用趾高气昂的炫耀毁掉了那份独特的美。出身显赫、家境殷实、容貌出众、才华过人，这些本可以成为女人最好的资本，可一旦成了炫耀的工具，就会变得低俗而廉价。

没有足够的积蓄去支撑面子的时候，你可以放弃奢侈品，选择适合自己的个性产品；有了足够的经济实力做支撑，也用不着拿名贵的衣装堆砌自己，作为炫耀的资本。真正的档次不在于它的价位，而在于穿戴者的品位与修养。

古希腊诗人埃斯库罗斯说过一句话：“人不该有高傲之心，高傲会开花，结成破灭之果。在收获的季节，会得到止不住的眼泪。”这是对高傲张狂的女人最好的忠告。可是，即便有了这样的忠告，依然有女人重蹈覆辙。

她爱说爱笑，与丈夫结婚七年，有个五岁的女儿，可婚姻依旧甜蜜如初。她的丈夫是个浪漫的人，会说甜言蜜语，逢年过节，她一定能收到丈夫送的鲜花，浪漫的情调，羡煞了周围婚姻平淡的老夫老妻。经济上也不吝啬，她想要什么，丈夫都会毫不犹豫地给她买。

也许是喜不自禁，也许是出于特别的心理，她很喜欢把丈夫挂在嘴边，说他如何爱他，如何对她好。只要与朋友相聚，无论什么场合，她开口闭口全是丈夫。起初，朋友为她高兴，可时间久了，听得次数多了，就觉得味道怪怪的，后来变得厌烦，不想听下去。当她又开始谈论丈夫时，大家闷头不语。虽然没有人说什么，可女人的心思女人懂，她是在炫耀。

好景不长，她的婚姻遭遇了七年之痒，丈夫竟然背着她有了外遇。这场外遇其实已经有三年了，她一直被蒙在鼓里，昔日的疼爱全是假象，不过是丈夫因为内疚所作的补偿。她伤心地找朋友哭诉，朋友嘴上不停地安慰，可心里却有种如释重负的感觉，想着日后终于不用再听她炫耀了。

一场艰难的拉锯战结束后，她与丈夫离婚，争取到了女儿的抚养权。

离婚三年后，她再次步入婚姻殿堂。她的第二任丈夫不浪漫，不会甜言蜜语，有点木讷，却很朴实。即便如此，他对她的真心，大家有目共睹。再婚后，她性情大变，虽然依然爱说爱笑，大大咧咧，滔滔不绝，可她几乎绝口不提丈夫。后有朋友问起，她说："幸福如人饮水，冷暖自知。"炫耀给人看，对于本身幸福的人来说，不过是可笑的话题；对于不幸的人来说，无疑是一种讽刺。

张扬的女人在哪里都是不可爱的。有人疼你、爱你、愿意为你付出的时候，你要懂得心存感恩，不要把点点滴滴的感动都拿出来炫耀，告诉别人"我如此有魅力"。幸福不是用来晒的，也不是可以炫耀的资本，那是一个人内心的状态。真正幸福的女人，永远都是优雅恬淡的，把幸福挂在嘴边，只能说明你还在用他人的承认来肯定你的人生，这亦是一种不够自信的告白。

生命箴言

live proverbs

沉静的女人知道，人生的风景不只有青绿，还有金黄；沉静的女人知道，世间繁华如过眼云烟，青春不再无须挽留；沉静的女人明白，内心充盈才能听到自己真实的声音，才能看淡世间的喧嚣；沉静的女人懂得，要把外在的美延续，就要把人生的涵养、经历和沧桑融入于心，化成一份沉稳大气，一份优雅从容。

第八章

幸福力：

体会人生的美好与惬意

幸福这座山，原本就没有顶，没有头，

你要学会走走停停，心灵在放松中得到生活的满足。

幸福不在怀念的过去，也不在追逐的未来，

而在我们拥有的当下。

幸福并不是一种完美和永恒，

而是心灵和生活万物的一种感应和共鸣。

幸福就是牵着一双想牵的手，

一起走过繁华喧嚣，一起守候寂寞孤独。

幸福就是拥有一颗想拥有的心，

重复无聊的日子不乏味，做着相同的事情不枯燥。

只要心中有爱，我们就会幸福，

幸福就在当初的承诺中，就在今后的梦想里，就在你身边。

看当下，不悔过去，不愁未来

《传灯录》中讲道：会元和尚师徒二人赶路，到一条河边看见一女子待渡，无船无桥，老和尚二话没说就背女子渡过河去。回到寺庙后，小和尚忍不住问老和尚："出家人禁近女色，师傅为何要背那女子？"老和尚正色道："我早就放下了那女子，你怎么还背着？"

昨天已经过去，即使昨天发生了再美的事情，我们也无法让它重新来过；明天还未来到，你把未来想象的像花一样那也是以后的事情，纵使你的手在长也无法抓到，我们唯一能够抓得到，掌控得了的就是今天。

人生苦短，匆匆几十年，上帝把我们带到这个世界上来，我们应该感谢上帝的恩赐，感激世界带给我们的自然万物，我们更应该善待我们自己，好好地去生活，把自己的人生经营的精彩，活出自己的快乐，这一生便不枉活。

就像第一段引用的故事一样，老和尚虽然背了想要渡河的女子，但是放下女子的同时，老和尚的心也随之放下这件事情，而小和尚虽然没有背那名女子，但是已经到了庙中，小和尚却还没有忘记，依然提及此事。老和尚做到了活在当下，而小和尚却还是活在从前。

活在当下，就是要我们放下负担，快乐地生活在此时此刻，就是要我们活得无忧无悔。对未来发生什么不要去做无谓的想象和担心，我们就做到了无忧，对过去已经发生的事情不要去做无谓的想象与担心，我们就做到了无悔。人能无忧无悔的活在当下，思想就不会被其他的东西所束缚，便会达到最高的境界—---- 最单纯的喜悦。

过去和未来都不是属于我的，现在才是真正属于我的时光，假设我们只有一天的时间，我们应该怎么去做，应该怎么去把今天经营的漂亮、完美，我们才不枉来到这个世界上。抛却不必要的烦恼，生活便只剩下了快乐，告诉自己：我现在就是快乐的，我活得就是现在。

现在的社会是愈加现实和残酷的，生活亦不容易，我们更要明确自己应该怎么去活，应该怎么才能让自己不被世俗的压力所束缚，学会放松自己的心境，学会活在当下，经营美好的人生。

活在当下是一种全身心地投入人生的生活方式。当你活在当下，而没有过去拖在你后面，也没有未来拉着你往前时，你全部的能量都集中在这一时刻，生命因此具有一种强烈的张力。

这就是使生活丰富的唯一方式，除此之外的人们都是“贫穷”的。他们也许拥有世界上所有的钱，但他们是“穷人”。世界上有两种穷人——富有的穷人和没有钱的穷人。充实的感觉和对物质财富拥有的多少关系不大，它往往和你生活的方式、生活的品质、生命的喜乐、生命的特性有关，而所有这些东西只有通过静心才可能感受到其中的深意。

“当下”给你一个深深地潜入生命河流中，或是高高地飞进生命天空的机会。但是在两边都有危险——“过去”和“未来”是人类语言里最危险的两个词。生活在过去和未来之间的当下几乎就好像走在一条绳索上，在它的两边都有危险。但是一旦你尝到了“当下”这个片刻的甜蜜，你就不会去顾虑那些危险；一旦你跟生命保持在同一步调，其他的就无关紧要了。对你而言，生命就是一切。

当生命走向尽头的时候，你问自己一个问题：你对这一生觉得了无遗憾吗？你认为想做的事你都做了吗？你有没有好好笑过、真正快乐过？

想想看，你这一生是怎么过的：年轻的时候，你拼了命想挤进一流的大学；随后，你巴不得赶快毕业找一份好工作；接着，你迫不及待地结婚、生小孩；然后，你又整天盼望小孩快点长大，好减轻你的负担；后来，小孩长大了，你又恨不得赶快退休；最后，你真的退休了，不过，你也老得几乎连路都走不动了……当你正想停下来好好喘口气的时候，生命也快要结束了。

其实，这不就是大多数人的写照吗？他们劳碌了一生，时时刻刻为生命担忧，为未来做准备，一心一意计划着以后发生的事，却忘了把眼光放在“现在”，等到时间一分一秒地溜过，才恍然大悟“时不我予”。

佛家常劝世人要“活在当下”。到底什么叫做“当下”？简单地说，“当下”指的就是：你现在正在做的事、呆的地方、周围一起工作和生活的人；“活在当下”就是要你把关注的焦点集中在这些人、事、物上面，全心全意认真去接纳、品尝、投入和体验这一切。

你可能会说：“这有什么难的？我不是一直都活着并与它们为伍吗？”话是不错，问题是，你是不是一直活得很匆忙，不论是吃饭、走路、睡觉、娱乐，你总是没什么耐性，急着想赶赴下一个目标？因为，你觉得还有更伟大的志向正等着你去完成，你不能把多余的时间浪费在“现在”这些事情上面。

不只是你，大多数的人都无法专注于“现在”，他们总是若有所思，心不在焉，想着明天、明年甚至下半辈子的事。

有人说“我明年要赚得更多”，有人说“我以后要换更大的房子”，有人说“我打算找更好的工作”。后来，钱真的赚得更多，房子也换得更大，职位也连升好几级，可是，他们并没有变得更快乐，而且还是觉得不满足：“唉！我应该再多赚一点！职位更高一点，想办法过得更舒适！”

这就是没有“活在当下”，就算得到再多，也不会觉得快乐，不仅现在不够，以后永远也不会嫌够。忘了真正的满足不是在“以后”，而是在“此时此刻”，那些想追求的美好事物，不必费心等到以后，现在便已拥有。

假若你时时刻刻都将力气耗费在未知的未来，却对眼前的一切视若无睹，你永远也不会得到快乐。一位作家这样说过：“当你存心去找快乐的时候，往往找不到，唯有让自己活在‘现在’，全神贯注于周围的事物，快乐便会不请自来。”

或许人生的意义，不过是嗅嗅身旁每一朵绮丽的花，享受一路走来的点点滴滴而已。毕竟，昨日已成历史，明日尚不可知，只有“现在”才是上天赐予我们最好的礼物。

生命箴言

许多人喜欢预支明天的烦恼，想要早一步解决掉明天的烦恼。明天如果有烦恼，你今天是无法解决的，每一天都有每一天的人生功课要交，努力做好今天的功课再说吧！

懂知足，欲望越小越幸福

中国有句俗话叫做“知足常乐”，其字面意思是说，满足于现在自己拥有的一切而随时都感到快乐开心。可以这样说，就是一个人对自己获得的东西感到满足，其实，它并不是安于现状，不思进取，颓丧和无奈的表现，而是一种平和的生活态度，只有怀着一颗平静的心、热爱生活的人才能真正做到这一点。

知足常乐是一种看待事物发展的美好心境，《大学》曰：“止于至善”，是说人应该懂得如何努力而达到最理想的境地和懂得自己该处于什么位置是最好的。知足常乐，知前乐后，也是透析自我，定位自我，放松自我，才不至于好高骛远，迷失方向，碌碌无为，心有余而力不足，而弄得心力交瘁。

对于一个人来说，能力与精力都是十分有限的，环境又决定你该如此的时候，而你却好高骛远，非要达到你所不能达到的预期目标。在这个时候，你就只会给自己寻来无尽的烦恼，那就一定会没有了快乐可言。因此，在这个时候如果你懂得知足常乐，放弃那些不切实际的“一步登天”的痴想，那么你心中的重负就会消失。同时你也会感到身体轻盈，心灵轻松，快乐自然会光临你的心灵，你会变得脸上荡漾着笑容的涟漪，你会看到人生的一切是如此的纯净与美好。

有一句俗话叫做“心宽体胖”。心宽的前提是知足，因知足而放弃重负，因放弃重负而快乐，而与之形成鲜明对比的则是处处对自己现状不满意、愤愤不平的一个人，他总说自己钱挣得太少了，以后孩子上学可能都上不起，因而整天闷闷不乐，经常失眠，胃口也不好，落得一个面黄肌瘦，形容憔悴。而事实上，这两个人的工资差不了多少，只因一个知足而心宽，另一个因不知足而忧愁，最终而造成了两种截然相反的结局。

有很多时候，我们根本就不知道满足，甚至为了“了却君王天下事”，对生前身后的功名也期待颇多。对于前世，我们会埋怨父母没有把我们生养在富贵之家，对于后世，总是抱怨子孙们不能个个如龙似凤，对于我们所有的这些不满足其实还是来自于我们自身。

我们为什么会这样感到不知足呢？这是强烈欲望在驱使着我们，是幻想在冲动着我们，是不切合实际的索取。人生在世，名利财物，都是身外之物，你就是时时刻刻永不停息、永无止境地去追求和索取它，也不会有满足的时候。相反，它还会给你带来无尽的坎坷与烦恼。有许多时候，我们之所以感觉不幸福、不快乐，多半是由于我们自己的不知足。

现实生活中，我们每个人都是有欲望的，与生俱来的七情六欲，总是与我们的生命如影随形，无法规避。求生欲、求知欲、表达欲、表现欲、舒适欲、情欲，这六种欲望会以各种形式出现在我们的生活当中。虽然欲望很多，但各种欲望我们不可能同时实现。就如同当你只有一百块钱，可你需要在买一件你喜欢的裙子还是与朋友看一场电影之间做出选择。裙子，会满足你的表现欲，而电影则会满足你的舒适欲，而我们只能选择其一。

在欲望实现的先后顺序中，女人们还需要学会一件事，那就是将那些不必要的欲望关在门外。将每一次有限的可以实现的欲望的名额，留给那些真正可以让我们变得更好的欲望。“我觉得自己很不幸福，因为我周围的女伴不是比我有钱，就是比我更开心。”“我觉得我的丈夫太没有上进心了，每天只局限于把自己的工作做好，从来不去想要闯一番大事业。”“为什么我不能随心所欲地买我自己想要的东西？”很多女人经常这样抱怨，这样抱怨的女人其实都有一个共同点，那就是对生活的失望。

而归根结底，她们失望的根源则是她们不断膨胀的欲望。

文萍最近和闺蜜抱怨，说她丈夫自从进了一个国企，在升到部门主管的职位以后，就安于现状，不思进取，还借口说是要把主管的职责做好。她还抱怨与婆婆的关系也变得越来越不好了。闺蜜对她的烦恼感到有些困惑。她说，做到部门主管的位置已经不错了，再往上升就是经理，肯定需要较长的一段时间，且这并非易事，做好目前的事情并没有什么不对。可文萍却认为丈夫本身就有胜任经理、总经理的能力，所以不应该在部门主管的位置上停留。而谈到对她婆婆的不满，文萍则说到，自从有了孩子以后，她们在教育孩子的问题上产生了很大分歧，晚上她想给三岁的儿子读故事，婆婆却坚持让孙子早点睡，理由是孩子太小，过早接受教育会使他失去很多快乐。闺蜜认为这是两代人不同的教育方式，谁都没有错，而且认为文萍根本没必要生气，既是婆婆，做媳妇的就应该对她尊重，没有哪个奶奶会害自己的孙子。即便有观点不一致的地方，也可以适当和婆婆沟通，无论如何也不应该让矛盾白热化。

最后闺蜜总结性地对文萍说："我觉得你烦恼最大的原因在于你太贪婪了，而且什么都希望能够达到最好。"文萍则认为自己并不是一个不知道满足和有虚荣心的人，对孩子的教育她也觉得没什么不对。闺蜜帮她分析说，其实贪婪也并不是说一定要在物质条件上达到某种程度，你的贪婪是在对地位、荣誉方面充满急切的渴望，当这种渴望得不到满足时，你就会不自觉地感到烦恼。你的丈夫并不是不进取，而是基于现实慢慢来。而婆婆与你对孩子的教导仅仅只是方式的不同，但都是对孩子好，如果你觉得你的教育方法更科学，完全可以采取和婆婆好好沟通的方式，把所谓的矛盾看淡，这些烦恼完全是可以避免的。听了闺蜜的劝导，文萍若有所思，在接下来的日子她也渐渐改变自己的心境，试着把一些事情看淡，慢慢地她觉得内心舒坦多了，而且家庭也变得更加温馨了。

我们每个心中都有欲望，但欲望却是可以选择的，我们可以将一些不必要的欲望关在门外。我们处在一个时刻都在抉择的人生当中，身处其中我们要面临形形色色的选择，有选择就有放弃。于欲望而言，我们要学会适当地放下，有时候适当地放下是一种更好的获得。

生命箴言

欲望是刺激女人上升的动力，也会成为让女人堕落的魔鬼。我们需要一双慧眼，去辨识我们所面对的诱惑，因为这些欲望的得与失，都将会改变属于你自己的生活。

平常心，把平淡的日子过好就是幸福

每个女人，都期待着自己可以有一段不凡的爱情，并最终为那个人披上白纱，成为最美的新娘。而婚姻是非常神圣的事情，为了纪念这最完美的一幕，世界上也由此引申出了关于纪念日的寓意与各种命名。1 年，纸婚；6 年，铜婚；25 年，银婚；50 年，金婚；60 年，钻石婚。写到这里，你也许会问，应该没有比钻石更久远的婚姻纪念日了吧？

事实上，如果以法国人对结婚纪念日的命名来算，在钻石婚之后，还有 70 年的白金婚、75 年的白石婚，以及 80 年的橡树婚。被誉为神秘之木的橡树，在传说之中由希腊诸神之王宙斯所掌管，西方的许多国家也将其视为具有魔力的圣树。作为自然界最高大的树种之一，橡树还拥有着可长达千年的树龄。只要它还有时间与空间，它就会始终保持着向上生长的状态，对于爱情来说，只有恒久远才是无法超越的界限。

2014 年七夕的时候，微博、微信上那些被疯狂转载的爱情宣言，在一则短短数百字的新闻面前，都集体黯然失色。

新闻的主角，是一对来自山东威海的平凡夫妇，100 岁的宫德云与 103 岁的孙玉翠。这年是他们婚后一起度过的第 83 个七夕节，这个数字比被誉为婚姻纪念日最高点的 80 年“橡树婚”还要多 3 年。对于他们也许只能用中国的一句古语来作为总结，“死生契阔，与子成说。执子之手，与子偕老。”

在微博上，我们看到记者所拍摄的那5张普通照片，是两位老人一天的普通生活。

第一张照片，是丈夫用颤巍的手，将自己在庭院里采摘的鲜花送给满脸皱纹的妻子，两个人的笑容很腼腆，似乎这还是两个人第一年结婚。

第二张照片，是丈夫在为妻子梳头，手持镜子的妻子在10年前因为小脑萎缩，逐渐丧失了一些动手能力，为了不让妻子感觉到生活不便，丈夫便照顾着她的生活起居。

第三张照片，是老两口一起坐在堂屋里，穿起象征爱情的巧饼，那个默契的定格让我们羡慕。

第四张照片，是家中的院落，丈夫在为花浇水，而妻子就坐在不远的地方，静静地看着。

第五张照片，是家中的炕头，两个人一起坐在那里看电视，洒下满屋子的幸福。

对两位老人而言，他们甚至不明白自己所经历的这段平淡生活，为什么会让这么多媒体争相报道。对于这一对夫妻而言，他们的眼中并没有金婚或者橡树婚的差别，她们用一生的努力付出所想要的回报，仅只是家庭和睦，一家平安而已。

想要得到更多关于这段动人婚姻素材的记者，走访了老人的子女与村里的村民。结果他所得到的回答，却都很简单。村民们所能够说的对于这一对老人的印象，是他们这么多年一直都很和善的性格；儿女们，所记得的也只是父母几乎很少吵架，认为心胸豁达是他们幸福和长寿的秘诀。那个采访的记者，应该是很失望的，好不容易找到的题材却没有更多可以发挥的地方。这对一起生活了超过三万多天的夫妇，就像所有的平凡夫妇一样过着最平淡的日子，而不是爱情的山盟海誓，生活的荣华富贵。如果一定要说有一些与众不同，那可能只是因为他们在一起的时间比别人足够久而已。

“执子之手，与子偕老。”是很多女人都期待的爱情状态，可是在一起变老的过程中，我们都没有办法承诺彼此：我们的感情可以永葆新鲜。相爱的两个人，必须用更多的时间去适应平淡的日子，并在琐碎的生活中找到属于自己的简单幸福。因为，一段轰轰烈烈的感情，并不是可遇而不可求，但是短暂的不凡之后，就算是公主和王子也必须面对柴米油盐酱醋茶的平淡生活；而能够在平淡中让你始终觉得心安，并且愿意相依相守的感情，却是需要用尽一生去守护的。

女人的一生，并不需要多么的不平凡来证明自己的与众不同。我们所需要的，是在平凡中活出自己的简单生活，只有你自己才可以赋予自己不平凡的人生。

曾经有人用歌声“歌遏行云”，艺术人生“德艺双馨”来评价关牧村，作为我国著名女中音歌唱家的她，对自己的人生概括则是：平常心是道，简单生活是福。在她看来，不要把自己当成什么，才是什么；要把自己当成什么了，就不是什么了。

演出中，她是观众眼中有着很高造诣的艺术家。回到家，在丈夫的眼里，她只是一个普通的妻子，最拿手的菜是牛尾萝卜汤和包饺子。在儿子的眼里，她是一位和蔼的母亲，当三八妇女节收到儿子的短信祝福时，她高兴极了。她的业余生活就是读书，和朋友聊天、旅游，浏览名山大川，看《动物世界》。

因为拥有这一颗平常心，关牧村尽心竭力地成功扮演着自己的不同的角色，艺术家、妻子、母亲三个不同的角色，却付出了更多的耐心和爱心，虽然付出很多，但是还会得到很多。

现在，有很多女性一过了35岁就找不到工作下岗了，也有些单位根本不愿意要女人，有人问关牧村怎么看待这种现象？她讲到，其实中年女人更成熟，做事情更容易成功。她认为，中年女性不要失去信心。是的，当生活遇到挫折了，以平常心对待，不看轻自己，从容淡定的自信都是很重要的。

每个女人都有自己的生活方式，作为拥有满意工作的职业女性，工作中安守自己的本分，辛勤敬业，那么就会很轻松的拥有一段愉快的人生；作为全职太太，在家中任劳任怨的忙碌，相夫教子，那么，她的家庭也会更加幸福美满。

经常听到有些女性朋友在抱怨，抱怨孩子不争气，考试又没拿到第一；抱怨老公没本事，还没到中年却仕途不佳；抱怨自己体型太胖，和时髦的服饰无缘；抱怨工作压力太大，每天累得喘不过气来；抱怨薪水太少，购物还要精打细算……

就这样，再美好的光阴也如瓷器般破碎在了无止境的抱怨里。不要等到一切完美无瑕时才懂得享受生活，让平常心洗涤我们的心灵，于平淡中找寻简单的快乐，何乐而不为。

拥有一颗平常心的女人，会安于自己的选择，珍惜自己想得到并已得到的，不会去觊觎别人的成就，这样的女人优雅而从容。刻意的追求完美，却弄得自己伤痕累累，这是不可取的。有所得必有所失，失之东隅收之桑榆，这是自古常理，平心静气的做好自己的事情才是硬道理。如果定下了目标但仍战战兢兢，就要想想自己的能力，是否足够达到目标，而改变这种慌张需要的就是一颗平常心。平常心态有时比什么都重要，只要试着改变自己，培养好的心态，就会对生活重新燃起热情和希望。

拥有一颗平常心，就是让自己知道，既然改变不了环境，那就改变自己；改变不了事实，那就改变态度；不能控制他人，那就把握自己；你不可能万事顺心，但可以每次都尽心；不可能改变天气，但可以左右心情。不刻意强求什么，珍惜自己原有的，不去想那些遥不可及的，这样才能做个快乐的女人。

生命箴言 live proverbs

拥有一颗平常心，这种快乐简单而又纯粹。这种快乐的源泉可以是看到早春里的第一片绿叶；看到一朵含苞欲放的小花；经历一场丝丝的小雨；伴着清风晚月夜幕的降临，躺在凉爽的竹床上看星星望月亮；甚至接到朋友一个温馨的短信；给好久没有见到的朋友一个拥抱，让彼此感到真的非常高兴，快乐原来是可以传染的。

心坦然，生活会给你快乐的体验

曾经读到过一篇文章，深有感触：

活着真叫累，有人这么感喟。

活着真叫烦，更有人这么嘘叹。

活着真的美丽，而我却喜欢这么对生活总结。

寻找了千百种理由之后，才得以发现：生活在我的视野下呈现出与人的不同，不是生活赐予我有什么不同，却仅仅是因为，在我的胸襟之中，盈盈地盛满这么两个字：坦然。

我坦然，于是我心美丽。

我心美丽，于是我的人生跟着美丽。

曾经看到那些假日垂钓者，一大早出门，夕阳之下拎着空空的鱼篓回家的时候，仍是一路欢歌。不禁讶然：付出了一天的等待却一无所获，怎么还可以这般快乐满怀？给我的回答却是：鱼不咬我的钩那是它的事，我却钓上来一天的快乐！对钓鱼的人来说，原来最好的那条鱼便是快乐。

坦然是一种失意后的乐观。

曾经看到那些下夜班的纺织女工，写满倦意的脸上却交织着与朝霞一样灿烂的笑靥，我便想：怎么说女孩子从事这种职业也不是最让人满意的呀！给我的回答却是：

公主永远只有一个。但如果没人为她织出那么多彩锦，一个公主也没有哇！对织布的人来说，原来最美的那布匹却是穿在了自己的身上。

坦然是沮丧时的一种调适。

曾经看到一个扫了三十几年大街的老伯，每天把一条长长的大街扫得一尘不染，让上早班的人灿然走过。我便想：这么几十年这样平平淡淡走过，这老伯可说是小城里生活得最不顺心的一个了。给我的回答却是：这条街只有我扫得最干净。对扫街的人来说，原来扫得最清洁的恰恰是自己的心。

坦然是平淡中的自信。

忽然想起泰戈尔的最有名的一句诗："天空不留下我的痕迹，但我已飞过。"这便是对"坦然"作了最好的诠释。

是的，许多的事得失成败我们不可以预料也承担不起。我们只需尽力去做，求得一份付出之后的坦然和快乐；许多的人我们捉摸不透防不胜防，往往是我们想走近，人家却早已设起屏障。我们不必计较，我们唯一能做的是，在我们必须面对他们的时候，奉上我们的真心，然后感悟自己的博大；许多的选择如果能让我们抓住，有可能抵达我们的成功，但我们一次一次失去机会。没有关系，那只是命运剥夺了你活得高贵的权利，却没有剥夺你活得快乐的权利！

一个小女孩被妈妈要求去洗自己的衣服，但是小女孩边洗边感觉很委屈，因此连连叫苦，爸爸走过来问她为什么不高兴。

小女孩嘟着嘴说："妈妈让我洗衣服，但我不喜欢洗衣服。"

父亲继续问："如果不高兴，是不是就可以不洗了？"

"妈妈说自己的衣服要自己洗，即使不高兴，也还是得洗。"

"那就高高兴兴地去洗吧！反正高兴是洗，不高兴也是洗。以后等你长大了有很多事情都要你去做，人的一生不可能总是做你喜欢做的事情。一旦具备了这样的品质，你就能够面对周而复始的新的挑战了。”

我们已经不是不谙世事的小女孩了，作为成熟的女人，我们已经明白了生活中有太多的事情是我们自己不能左右的。它不会因为我们的喜怒哀乐而发生改变，无论我们高兴与否，该来的会来，该走的会走。困难也一样不会因人的不快乐而减少，但是生活却可以因人是否快乐而改变，所以，我们有什么理由让自己不快乐呢？

做人难，做女人更难。对于这句话，女人们大概都很认同，感觉这话说出了女人的心声。但是，难归难，生活却还是要继续。因此，大可不必整日担忧生活中的困难和麻烦，更不必担忧未来会有什么困难，唯有坦然乐观，才是最真实的人生态度。

人不可能一直处在一帆风顺的顺境中，风水轮流转，好坏总是循环的，所以我们面对困境，心理上一定要做好最佳的准备，坦然处之，切勿盲目悲伤。

人生中的困难可以带给人悲伤，也可以打破平庸，诞生出不平凡，因此我们倒霉的时候也要保持坦然乐观的心态。对于悲观焦虑的人来说，苦难往往会让人惊慌失措，仿佛人生没有了希望。不过有的人乐观向上，能承受住打击，甚至在苦难的压力下激发出更大的潜能，他们坚信现在的灾祸就是对人生的考验，未来还是充满希望的。

慧光禅师经常云游四海，普度众生。一天，禅师正在大道上行走，看见一条小河，清澈见底，水中游鱼可现，游来游去毫无挂碍。禅师对身边的人说：“做人要像鱼儿一样，明心见性，从容自得，要是做什么事情都执着，不懂得提起放下的道理，人生便苦恼不堪。”徒弟们若有所悟。这时天已将傍晚了，暮色苍茫。徒弟们都劝慧光禅师返回寺院，以免受傍晚清冷之苦，慧光禅师却摇头说道：“你们先回吧，不要以我为牵挂。别人若是问起你们我在何处，你们怎么回答？”徒弟们说：“不在那时，不在那处，四方云游，了然无痕。”慧光禅师很满意，摆手让徒弟们退下了。

慧光禅师来到一家饭馆，刚坐下，老板娘就迎上来，一看是个和尚，便双手合十，连忙吩咐小二将素斋给禅师端上来。禅师称谢，埋头吃饭，可是在吃的时候，却听见老板娘愁苦的叹息声。禅师就问：“女施主，有何事解不开，不妨说与老衲听听。”老板娘道：“大师，我们这个小店小本经营，没有多少收入，我丈夫是个老实人，不会钻营取利，一天忙下来没有什么收获，心中十分苦恼。这样下去，我们的生活实在没有什么起色，也没有什么奔头，唉。”

慧光禅师问道：“一天之中，你的孩子可曾遭遇不幸？你的丈夫可曾有损身体？你的小店可曾遭遇强盗？”老板娘说：“没有。”“这就对了，”慧光说：“小本经营没有破产的风险，收入不多却可以供给己用，丈夫老实，自是没有三心二意，至于生活没有起色，全在于你的一个心境。天下不知道有多少人家羡慕你这般实的小康之家。施主，平平安安过一天即是福，没有什么比这还重要，难道你为了生活上的起色，愿意你的丈夫涉险吗？所求过多则痛苦丛生，切记！”老板娘豁然开朗，面露微笑。

人生在世，没有单纯的福，纯粹的祸，有时候事情发生的瞬间，是好是坏仅仅就是一念之间，悲伤往往是我们自己强加给自己的。乐观坦然的人会把不利的条件转化为有利，把不幸转化为幸福。其实在很多情况下，只需要一点乐观，情况就会完全改观。

德国哲学家叔本华曾说：“一个悲观的人，把所有的快乐都看成不快乐，好比美酒到充满胆汁的口中也会变苦一样。生命的幸福与困厄，不在于降临的事情本身是苦是乐，而要看我们如何面对这些事。”

在生活中，总有一些女人在感慨自己没有好机缘，没有好背景，认为是命运在捉弄他们。坦然的人却不相信命运，而是乐观地看待困境，用自己的智慧和汗水绘就幸福的人生画卷，坦然地去面对苦难。

小萱莫名其妙地背了黑锅，并被老板炒了鱿鱼，老板要她下午到财务室结算工资。中午，她坐在公园的长椅上黯然神伤，突然，她发现一个小孩子站在她的身边一直不走，她便奇怪地问："你站在这里干什么？"

"这条长椅背上刚刚刷过油漆，我想看看你站起来的时候后背是什么样子的。"小家伙天真地说。

小萱怔了怔，笑了。她忽然恍悟：如同这双天真烂漫的眼睛想看到我背后的油漆一样，昔日那些精明世故的同事也正怀着强烈的兴趣想要偷窥我的颓态。选择和被选择不过是这个世界上时时刻刻都发生着的再平常不过的事情，这件事情对于我的唯一意义便是提醒我必须找到一个更适合自己的工作。

那天下午，当昔日的同事纷纷心照不宣地出来和她打招呼时，看到的却是一张与平日无异的平静美丽的面容。短暂的自我调整之后，她又找到了一份很不错的工作。

从小萱的遭遇中我们可以看到，坦然会让人充满力量，获得成功、幸福和健康，攀登到人生的顶峰。坦然的女人相信自己能适应环境，同样也能改变环境，一切都会因为自己的努力和付出而改变。没有"天时"，她们会韬光养晦，为自己的目标做好充分的准备；没有"地利"，她们会在工作中观察，在观察中工作，寻找机会并创造机会；没有"人和"，她们能够化敌为友，建立良好的人际关系。

记住：没有蓝天的深邃可以有白云的飘逸；没有大海的壮阔可以有小溪的优雅；没有原野的芬芳但可以有小草的翠绿！生活中没有旁观者的席位，我们总能找到自己的位置，自己的光源，自己的声音！

我们有美的胸襟，我们才活得坦然。

我们活得坦然，生活才会给我们快乐的体验。

生命箴言

live proverbs

有一位哲人曾说："假使你每天担忧一回，那么一生便要损失好几年。有什么能改善的，那么就尽力而为之。锻炼你自己，不要忧愁，因为忧愁于事无补。"的确，忧愁只是白白浪费我们的时间而已，如同把许多好的东西扔掉一样。然而，忧愁还是像"魔鬼"一样附在许多人身上，使他们寝食难安，终日闷闷不乐，但这些人却总是习惯把自己的不快乐甚至是痛苦看作是命运对自己的不公平，却从没反省过自己，这些痛苦和忧愁是他自找的，而不是外界强加在他身上的。

会生活，幸福就是享受生活的过程

女人渴望幸福，希望每一件事情都有一个好的结果，所以她们努力地追求，不停地寻找，但很多时候却是事与愿违。

有位漂亮的年轻女人匆匆忙忙寻找着什么。路旁的人问她："你在找什么？"她回答说："幸福。"说完就匆匆忙忙走了。然后。从青年到中年，再到老年，这个女人还在匆匆忙忙寻找着，屡次碰到同样的人问同样的问题，她的回答都是一样："幸福。"最后，漂亮的年轻女子变成了满脸皱纹的老太太，步履蹒跚，她又碰到了路旁的那个人，那人仍然问她："你在找什么？""幸福。"不变的回答。"你等一下，"路旁的人说，老妇人迟疑地停了一下。"你要找的就是我。可我每次问你，你都太匆忙，不能停下来听我说……"

幸福就在路上，可惜年轻女子太过注重目标，忽略了过程中的风景，在时间的流逝中依然碌碌无为，丧失了自己的青春与快乐。我们又何尝不是，总是忙忙碌碌地追求某个目标，忽视过程中的风景，更不用说享受过程了。

其实，困扰来自你的内心。过分注重结果，会使过程变得空洞乏味，而结果也未必就能如你所愿。因此。女人要追求幸福，就应该懂得享受过程而不是过分注重结果。

在生活的过程中懂得享受是明智的。虽然在过程中要付出汗水与心血，但它是充实的，心情自从始至终都处在舒畅、欢快之中，每一次过程的享受都是无数次结果的组合，从而不受太多等待的煎熬。你也会觉得分分秒秒都很踏实、真实，毕竟时间是有限的，浪费掉的永远也争不回来。受益永远在于过程而非结果，要知道哪怕是荒漠也是一道风景，一道有别于其他风景的风景，是自然的风景，很真实，给自然以点缀、反衬、丰富。荒漠哪怕肃杀、荒凉也是一道难得的风景，给人一种另外的欣赏视野。如果只是盲目地追寻前面的青山绿水，置荒漠于不顾，将永远也看不到荒漠别样的景色，这是人生的单程性使然。

作为一个女人，更要学会享受，学会既享受结果也享受过程，才对得起自己，不辜负生活对自己的每一份馈赠。

有一位名叫张英的女子，她是在生活的酸甜苦辣中逐步学会享受的。

张英喜欢享受生活，或沐浴在阳光下，接受太阳的爱抚；或边听流行音乐边在书海中遨游；或在微信上与朋友痛痛快快地聊天；或拉着一两个朋友在大街上搜索自己喜欢的东西，然后毫不犹豫地掏腰包。

生活并没有给张英额外的照顾，张英之所以这么快乐，是因为她会享受生活。她能品出咖啡的香醇而不是它的苦涩；她能尝出葡萄的甘甜而不是它的酸涩；她能闻出玫瑰醉人的芳香而不是看到它全身的尖刺；她享受生活带给自己的礼物而不是它送给自己的坎坷。

其实，每个人在生活中都有自己的不快乐，比如：会为成绩下降而愁容满面，会为与父母发生争执而落泪，会被繁重的事业压得仿佛失去自我。然而我们需要明白的是，生活的压力往往是自己给自己的，烦恼并不能解决任何问题，应试着去享受生活。

其实，张英原来也不懂得享受生活，庆幸的是有一天她猛然发现自己好可怜，生活了二十几年，却不知道要享受生活，于是她抛开林黛玉式的多愁善感，迎来史湘云式的豪迈大度，她大声地笑，大口地吃，以自己喜欢的方式享受生活。

请享受生活！抛开砖头似的工具书，拿出小说，静静地独自欣赏一段妙语连珠的文字，品味文字中蕴含的真理；找个星期天，和朋友一起去爬山，去郊游，尽情地叫，尽情地跳，让积存了一星期的压力随着喊声扩散，消失。

享受生活不需要万贯家产，享受生活不需要高的学历，享受生活不需要寻找特殊的日子，因为对懂得享受生活的人来说，每一天都是特殊的。请享受生活，忘记一切烦恼，只记住快乐！

不懂得享受的人，纵然活上千万年，人生也会平平淡淡；懂得享受的人，纵然只活一天，也会过得多姿多彩。

一个人，不应被生活享受，而要学会享受生活，会享受生活的人才会创造出丰富多彩的生活。

女人，要学会在享受中成长！

生命箴言

Live proverbs

享受，会使人生变得美好起来。一个行色匆匆、精神疲惫的女人是不可能成为一位俏佳人的。对于聪明的女人来说，生活其实有滋有味。女人一定要懂得享受，才会生活。

能分享，幸福只会越分越多

古龙曾说过：“快乐是件奇怪的东西，绝不因为你分给了别人而减少。有时你分给别人的越多，自己得到的也就越多。”幸福与快乐其实是一样的，当人自己幸福的时候，将幸福与大家分享、传播出去，你将得到更多的幸福。

如果你拥有一个苹果，跟别人交换后，你拥有的依然是一个。如果你有一份幸福，跟别人交换以后，你得到的就是两份幸福。

我们都只不过是凡尘中人，能够改变我们这些凡夫俗子人生的往往不是豪言壮语、香车别墅而是幸福的点滴分享。与别人分享幸福的喜悦，不但是给别人干涸的土地灌溉了甘泉，而且是给自己的内心增添了一种色彩。

人在分享幸福的时候会品尝到双方的甜蜜，让分享到的幸福成为久久萦绕在心头的美妙滋味。每一次的分享，无论是对方还是自己都会有新的人生感悟和幸福启示，这种人生的感悟和启示会化作对自身的帮助，促使我们迅速成长并破茧成蝶。

两个小女孩是邻居，虽然近在咫尺，她们却互不相识。生性活泼的孩子都很想结识对方，一同玩耍，可是用什么办法来接近对方呢？冒昧地闯过去未免有些唐突。

小女孩A向妈妈说出了心中的困惑，妈妈微笑着说：“你最爱的东西是什么？只要你肯拿出你最喜欢的东西和别人一同去玩，其他人肯定会乐于和你交朋友的。”

小女孩A听了妈妈的话后赶忙跑到自己的卧室里，抱起了心爱的洋娃娃跑去找小女孩B一同分享。刚跑到家门口，就看到小女孩B手捧着糖果怯生生地对她说："这是我最喜欢吃的糖果，我特意拿过来和你一起吃，你愿意做我的朋友吗？"

小女孩A使劲地点点头，并且高举手中的洋娃娃说："这是我最爱的玩具，和你一起玩，让我们成为好朋友吧！"

小女孩B开心地笑了。于是两个小孩共同分享着糖果和玩具，玩得不亦乐乎，她们成了真正的朋友。

我们在分享幸福的时候可以收获更多的朋友。薄伽丘说过："友谊是慷慨、荣誉的最贤惠的母亲，是感激和仁慈的姐妹，是憎恨和贪婪的死敌；它时时刻刻都准备舍己为人，而且完全出于自愿，不用他人恳求。"现在的社会中，一个人需要用朋友来缓解压力，释放心情，可是朋友是难能可贵的，怎样才能拥有更多的友情呢？分享幸福就是一条捷径。懂得分享幸福的人真诚善良，通过与别人交流幸福来维护真情，巩固情谊。

小夏和小秋是一对无话不谈的好朋友，她们经常在一起分享幸福和快乐。

"你知道吗？我最近发现练习瑜伽可以陶冶情操、减轻压力，我几乎每天下班都去练习一会儿，练完后我会发现整个人神清气爽，无论做家务还是干工作都信心百倍，力气十足。"小夏满脸兴奋地对着小秋说。

"真的啊？我一直想找一个适合我的运动项目，这下可好了，我明天就去报瑜伽班。"小秋为终于找到适合自己的运动而快乐地说道。

过了几天，小秋在网络上对小夏说："我找到一本对女人塑造人生观有益的书，一会儿我就将电子版给你传过去。"

看过小秋传送的书籍后，小夏顿时感到在书中获取了在人生道路上前行的力量。

人只有在生活中与他人分享自己的幸福，才会让自己的幸福快速地成长。当我们让分享成为一种习惯的时候，你就会收获别人的体验，汲取更多的资源。

在日新月异的时代，你是否还在独自探索和耕耘幸福的土地？如果这个时候能够有人和你一起分享自己的幸福，你就会发现通往幸福的路径而省去寻找环节径直前行。当分享成为一种习惯的时候，我们就会不自觉地发现，原来大家分享的不仅是幸福本身，而是制造幸福、取得幸福的方法，将这种方法套用到自己身上，幸福就会不期而至。

生命箴言

Live proverbs

小小的分享构成了永恒的幸福。懂得分享的情侣，爱情永不会褪色，因为共同拥有太多快乐与悲伤交织的回忆。在分享的氛围中长大的孩子，心不会离父母太远，因为家庭的温暖串起他成长的快乐。懂得分享的员工更容易成功，因为他能够在团队的凝聚力中汲取无穷的力量。分享，让各种感情都随着岁月历久弥香。